Tycho Stracke

Wir und die Bäume

hrsg. von Carolin Rother

www.tredition.de

Verlag und Druck: tredition GmbH, Halenreie 40-44, 22359 Hamburg
Coverdesign: Carolin Rother

ISBN
Paperback: 978-3-7497-6496-9
Hardcover: 978-3-7497-6497-6
e-Book: 978-3-7497-6498-3

Vorwort

Bäume spielten und spielen von Anbeginn der Menschwerdung bis heute immer eine beachtliche Rolle. Betrachten wir das alttestamentarisch, biblisch, dann war das im Garten Eden der „Baum der Erkenntnis". Von den verlockenden Früchten dieses Baumes sollten laut Gottes Gebot Adam und Eva keinesfalls essen, doch die Schlange hat Eva, und letztlich auch Adam, listig dazu verführt, dieses Gebot zu brechen. Als Folge wurden sie und damit die nachfolgende Menschheit aus dem Paradies verwiesen und ihnen all die Plagen und Mühen des uns geläufigen Lebens auferlegt.

Betrachten wir die Menschwerdung im Sinn Darwins als einen evolutionären Prozess, haben wohl die Vorgänger des *Homo erectus* mehr oder weniger in und auf Bäumen gelebt. Auch nach dem bodenständig werden, dem generell sich aufrecht fortbewegen, waren für die Hominiden bis zum modernen Menschen Bäume immer von großer Bedeutung. Bäume lieferten Nahrung – Früchte verschiedenster Art – sie boten Schutz mit ihrem Blätterdach vor Regen und Sonne, Äste und Zweige (Knüppel) dienten als einfache Werkzeuge und Waffen. Seit der Nutzung und Beherrschung des Feuers war und ist (bis zur Grillkohle) Holz der wichtigste, anfangs wohl auch der einzige Brennstoff. Nicht nur mit der Sesshaftwerdung des größten Teils der Menschheit wurde das Holz unserer Bäume unverzichtbarer Baustoff, auch für die Nomadenzelte, Jurten und Tipis brauchte man Stangen aus Holz (Bambus wollen wir mal großzügig zum Holz hinzurechnen). Selbst bei den steinernen Monumenten der Frühgeschichte wie den Pyramiden, Tempeln oder Profanbauten ging so gut wie nichts ohne Holz als Hilfsmittel in verschiedener Form. Im Bauwesen, ob für Blockhäuser, tragendes Element für Geschossdecken oder tragende Struktur der Dachstühle wurde und wird immer wieder Holz in großen Mengen verwendet.

Im Altertum und Mittelalter wurden riesige Waldflächen, besonders wo die Eiche dominierte, abgeholzt, um das Material zum Schiffbau für ganze Flotten zu gewinnen. Mit Beginn des Industriezeitalters verbrauchte man ganze Wälder, weil der Bedarf an Holzkohle riesig war, bis die Steinkohle, meist in Form von Koks, die günstigere Variante für die Stahlindustrie wurde. Im Grunde genommen entstanden Steinkohle und die jüngere Braunkohle neben anderem organischen Material größtenteils aus Holz von sehr alten Baumarten, auch von Baumfarnen oder Riesenschachtelhalmen.

Näher liegt uns das Holz in unserem direkten Umfeld. Seit alters her baute man Tisch, Stuhl, Bank, Bett und Schrank aus Holz. Wenn auch avantgardistische Designer andere Materialien, Metalle, Kunststoffe bis zu Kohlefaserverbundstoffen usw. benutzten, bleibt doch das Holz, massiv, als Faserplatte und Furnier auch in der Gegenwart die erste Wahl. Selbst der fortschrittsgläubigste *Homo urbanus*

(Stadtmensch) in einem modernistischen Bau aus Stahl, Glas und Beton und holzlosem Mobiliar kommt nicht ohne Produkte aus dem Rohstoff Holz aus. Man denke an Papier, nicht nur für Zeitungen oder Bücher, sondern auch in schön weichen Rollen von 10 cm Breite.

Mit diesen Zeilen soll an die vielfältigen Beziehungen des Menschen zu Bäumen und ihren Produkten erinnert werden, soll Interesse geweckt werden, sich mal etwas näher mit dem Thema „Bäume" zu beschäftigen.

Die Namen der Pflanzen

Jedes Ding muss seinen Namen haben, nicht nur der Mensch, auch Pflanzen und Tiere. Die Mediziner haben auch für jedes Organ, jeden Knochen, Muskel oder Nerv, wie auch für jede Krankheit einen Namen. Manchmal nervt uns das, wenn „die Götter im weißen Kittel" ihr „Fachchinesisch" gebrauchen. Das „Fachchinesisch" ist natürlich nicht chinesisch, im Wesentlichen kommen die Bezeichnung oder Begriffe aus der lateinischen Sprache.
Warum gerade Latein? Da müssen wir wohl auf die Bibel zurückgreifen. Ursprünglich waren große Teile, insbesondere das Alte Testament, in hebräischer Sprache verfasst. Es gab auch Teile in Griechisch, ob im Original, oder schon übersetzt. Im Neuen Testament dürften die Urtexte schon zum großen Teil in lateinischer Sprache verfasst worden sein. Das Zentrum des post Christum natum entstandenen Christentums befand sich vom Anbeginn bis heute in Rom. Also ist es logisch, dass alle Schriften, soweit sie fremdsprachig verfasst waren, in die damals gesprochene lateinische Sprache übersetzt wurden.
Zentren des europäischen Christentums wurden, neben dem Vatikan, die Klöster und zum Teil auch die Fürstenhöfe. Alle brauchten die Bibel als Grundlage ihres Glaubens und Wirkens. Bis zur Erfindung der Buchdruckerkunst um 1450 durch Gutenberg musste dieses Buch der Bücher Zeile für Zeile handschriftlich abgeschrieben werden. Durch

Übersetzungen in andere Sprachen und allein schon durch Abschrift der Abschrift der Abschrift usw. konnten sich ungewollt, manchmal auch gewollt, Fehler, Irrtümer und Sinnverschiebungen einschleichen. Aus diesem Grunde gehört(e) zum Theologiestudium die Kenntnis der Sprachen Latein, Hebräisch und Altgriechisch. So sollte man Texte verstehen und auslegen können, die möglichst wenig oft übersetzt und abgeschrieben worden waren und am besten im Urtext vorlagen. Die Klöster und natürlich der Vatikan sammelten und übersetzen, wenn nötig, auch das, was an schriftlichen Zeugnissen aus Geschichte, Medizin, Wissenschaft, Philosophie und Mythologie erreichbar war. So wurde die christliche Kirche zum Bewahrer der europäischen und auch außereuropäischen Kultur und Wissenschaft – und all das in lateinischer Sprache. Logischerweise bedienten sich schon die ältesten Universitäten in Vorlesungen, Studien, Dissertationen und Veröffentlichungen der lateinischen Sprache. Diese Praxis endete noch vor gar nicht so langer Zeit. Ein Vorteil war, dass ein Professor, genau wie ein Student, ohne Sprachprobleme von einem Land und einer Universität in jedes andere europäische Land wechseln konnte. Denn mit dem Lateinischen hatten die Wissenschaftler eine international verständliche Sprache, was auch für den Austausch von neuen Forschungsergebnissen sehr wichtig war. Inzwischen hat hauptsächlich die englische Sprache das Lateinische verdrängt. In der

Medizin, Botanik und Zoologie sind die Benennungen aber weitgehend in der lateinischen Form verblieben.

Der Naturwissenschaftler **Linné** (1707 bis 1778) schuf eine Ordnung und begründe die Systematik der Pflanzennamen und ihre Zuordnung in Familien, Gattungen, Arten und Species. Dieses weitgehend auf den lateinischen Namen aufbauende System ist vom Prinzip her auch heute noch gültig. Und das ist auch gut so. Die weltweit einheitlichen Namen der Pflanzen erlauben eine unmissverständliche Verständigung, allerdings nur für Fachleute und die interessierten Laien, die sich etwas mehr mit Botanik beschäftigen. Bedauerlicherweise werden immer wieder neue eingedeutschte Namen von Pflanzen erfunden, die oftmals in eine völlig falsche Richtung laufen. Ich denke hier zum Beispiel an den Enzianstrauch mit seinen blauen Blüten, der zu den Nachtschattengewächsen - *Solanum* - gehört und eher mit der Kartoffel, als mit dem Enzian in Verbindung zu bringen wäre. Aber auch traditionellere deutsche Namen können irre führen, zumal sie - je nach Sprachgebiet - oft für ein und dieselbe Sache ganz unterschiedlich sind.

Dazu einige Beispiele: Die Bezeichnungen Löwenzahn, Butterblume, sowie Kuhblume für die gleiche Pflanze, nämlich *Taraxacum officinale*. Oder auch die unterschiedlichen Namen Geranien, Storchschnabel und Pelargonien für die Pflanze *Pelargonium zonale* und *peltatum*, die wiederum auch als Efeupelargonie bezeichnet wird. Auch die sogenannten Eisbegonien (die allerdings überhaupt keinen

Frost vertragen) werden unter anderem als Gottesauge bezeichnet und heißen im Lateinischen *Begonia semperflorens*. Weitere Beispiele sind „Schmuckkörbchen" für die Pflanze *Cosmea* oder „Fleißiges Lieschen" für *Impatiens holstii*.

Der jeweilige Zweitname bezeichnet die Art der Pflanze und ist vergleichbar mit unserem „Vornamen". Er ist nötig, weil der erste Name die Gattung benennt. Bei Begonien sind beispielsweise 125 Artnamen („Vornamen") gebräuchlich, da die Gattung sehr viele unterschiedliche Arten hat.

Es geht aber auch anders. Erfreulicherweise gibt es auch im deutschen Sprachgebrauch etliche Pflanzennamen, wie Gerbera (*Gerbera*) oder Fuchsien (*Fuchsia*), die mit dem „richtigen" botanischen Namen völlig oder fast identisch sind. Bitte keine Furcht vor den „lateinischen" Namen der Pflanzen, es ist die einzig mögliche Methode sich unmissverständlich auszudrücken. Außerdem geben speziell die Zweitnamen oft nützliche Hinweise auf Aussehen, Farbe, Eigenschaft, Verwendung oder Herkunft der jeweiligen Pflanze, um das herauszulesen muss man allerdings Latein beherrschen…

Die Eichen

Die Eichen, Gattung *Quercus* mit mehr als 300 Arten gehören zur Familie der Buchengewächse (*Fagaceae*).
In Österreich und Deutschland waren vor langer Zeit Eichen und Buchen bestandsbildende Gehölzarten. Wegen der außergewöhnlichen Eigenschaften des Holzes und dessen vielseitiger Verwendbarkeit entstanden Begehrlichkeiten von allen Seiten, die vom natürlichen Nachwuchs auf Dauer nicht vollständig befriedigt werden konnten.
Zwei Arten, die Stieleiche (auch Sommereiche genannt) und die Traubeneiche (auch als Winter- oder Steineiche bezeichnet) kommen in Mitteleuropa am häufigsten vor. Wegen ihrer Beständigkeit, Größe und oftmals imposanten Erscheinung wurden Eichen schon von den alten Griechen, Römern, Kelten, Slawen und Germanen verehrt und Göttern zugeordnet. Erst in den letzten beiden Jahrhunderten wurden sie zum Symbol der Stärke und des Heldentums, das Eichenlaub Grundlage der Siegerkränze statt dem Lorbeer. Schon im deutschen Kaiserreich über die Weimarer Republik hin bis ins dritte Reich zierte die Prägung von Eichenlaub Münzen, Medaillen und Orden. Auch auf den Münzen der BRD und der DDR konnten wir Eichenlaub finden und wer genau schaut, kann es heute noch auf den 1-, 2-, und 5-Eurocentmünzen deutscher Prägung (nicht aber auf denen anderer EU-Länder) erkennen.

Zurück zu unseren Eichen: Die Bäume erreichen Höhen bis 40 Meter, haben eine standfeste Pfahlwurzel und stehen gerne frei. Aus diesen Gründen und auf Grund ihrer Langlebigkeit, die mehr als 1000 Jahre betragen kann, ist es nur natürlich, dass viele Baumveteranen Spuren von Blitzeinschlägen aufweisen. Aber auch freistehende Buchen, Linden und Pappeln werden mindestens genauso häufig vom Blitz getroffen.

Das Holz ist mit einer Brinellhärte von 34-41 N/mm² sehr stabil. Durch den Gehalt von Gerbstoffen ist es recht widerstandsfähig gegen Verrottung und hat nur wenig Wurmbefall. Wegen dieser Eigenschaften wurde Eichenholz vorzugsweise für den Schiffsbau, Hafenbauten, Eisenbahnschwellen und als Bauholz verwendet. Auch für Pfahlgründungen selbst großer Gebäude (Venedig), oder für Brückenpfeiler hat sich Eichenholz über Jahrhunderte bewährt. In unserer Zeit findet es auch Verwendung im Möbelbau, oft als Furnier auf Holzfaserplatten.

Eine lange Tradition hat die Herstellung von Eichenholzfässern für die Lagerung und Reifung von Weinen, hauptsächlich Rotweinen, sogenannte „Barrique ausgebaute" höherwertige Weine. Auch Cognac, Rum und Whiskey haben Charakter und Farbe (wenn nicht mit Zuckercouleur gemogelt wurde...) erst durch die Lagerung in Eichenfässern entwickelt.

Die im westlichen Mittelmeerraum beheimatete Korkeiche liefert uns den Kork, der außer für Flaschenstöpsel (werden durch Kunststoffstöpsel und Schraubverschlüsse zunehmend verdrängt) auch für Schuhsohlen, Korkböden, Untersetzer, aber auch für die Schall- und Wärmedämmung eingesetzt wird. Die Gewinnung erfolgt, indem alle 6 bis 10 Jahre die Korkeichenstämme, sowie dickere Äste, geschält werden, was den Bäumen offenbar nicht schadet.

Die zerkleinerte Rinde unserer heimischen Stieleichen wurde als „Gerberlohe" zum Gerben besonders von Rindsleder verwendet (heute kaum noch).

Auf medizinischem Gebiet verwendet man Extrakte aus Eichenrinde in Bäder gegeben bei Hauterkrankungen wie Ekzemen, wegen ihrer entzündungshemmenden, antibakteriellen und antiviralen Wirkung. Auch in der aktuellen Krebstherapie – gerade in der anthroposophischen Medizin – verwendet man u.a. Misteln (*Iscador*), die auf Eichen gewachsen sind.

Die Früchte der Eichenbäume, die Eicheln, waren seit dem Altertum eine wichtige Nahrungsquelle für Eichhörnchen, Eichelhäher, Schalenwild, Wildschweine und andere Tiere. Gerade in Spanien sind sie als Mastfutter für domestizierte Schweine zur Herstellung der teuren Schinkenspezialität „Jamón Ibérico", den man bis zu 30 Monate an der Luft reifen lässt, unverzichtbar. In Notzeiten wurde aus gemahlenen Eicheln, die durch Wässern entbittert werden mussten, ein stärkehaltiges Mehl gewonnen, das durch Rösten auch als Kaffeeersatz herhalten musste.

Ein weiteres Produkt, das uns diese Bäume schenken, war und ist der Gallapfel. Hauptsächlich aus der levantinischen Galleiche wachsen Galläpfel als „Kinderstube" einer Gallwespenart heran. Gibt man einem Sud aus diesen Pseudofrüchten Eisen(II)-sulfat hinzu, entsteht die tiefschwarze Eisengallustinte, die auch heute noch zum Unterzeichnen (beispielsweise von Staatsverträgen) Verwendung findet. Diese Baumart, einschließlich ihrer Abkömmlinge in Amerika, wird uns immer interessieren. Es würde mich freuen, wenn Sie bei einem Ihrer nächsten Spaziergänge durch diverse Parkanlagen, aber auch durch den Wald, die Eichen mit einem neuen Blick betrachteten!

Die Buchen

Wir kennen die Rotbuchen, Blutbuchen und Weißbuchen. Die Unterschiede wollen wir mal eindeutig definieren.

Die Rotbuche, *Fagus sylvatica*, Familie *Fagaceae*, hat ihren Namen nicht wegen der Laubfärbung, sondern wegen der rötlichen Färbung des Kernholzes, die bei der häufig angewendeten Dampfbehandlung stärker hervortritt.

Die Blutbuchen, *Fagus sylvatica f. purpurea*, haben ihren Namen wegen der dunkelroten Blattfärbung, sind aber sonst identisch mit der grünlaubigen Rotbuche, es handelt sich nur um die Unterart *purpurea*. Zieht man Blutbuchen aus Samen von intensiv gefärbten Mutterbäumen auf, erhält man alle Varianten von grün bis rot, kaum mal die intensive Färbung des Mutterbaumes. Darum muss veredelt werden, wenn man gut gefärbten Nachwuchs haben will.

Die Weißbuche, auch Hain- oder Hagebuche genannt, ist gar kein Buchengewächs, sondern gehört zur Familie *Betulaceae* = Birkengewächse mit dem Namen *Carpinus betulus*. Ihr Holz ist weiß und sehr hart. Bei Bedarf haben wir Schlägel zum einschlagen von Pfählen oder Spaltkeilen aus einem ca. 30 cm langen Stück vom Rundholz selbst gemacht, es musste nur seitlich ein Loch für den Stiel gebohrt werden. Die Arbeit damit war angenehmer und für Eisenkeile schonender als mit einem gleich schweren Schmiedehammer.

Einige Gemeinsamkeiten haben alle drei Arten. Sie sind heimische Gehölze, deren östliches Verbreitungsgebiet kaum über die Türkei und Teile des Iran hinausgeht. Sie vertragen keine Staunässe (Aueböden), sind aber Hitze- und Trockenheitsempfindlich. Der Jahresniederschlag sollte über 650 mm liegen, die Durchschnittstemperatur über +8 °C. Etwas mehr Kälte verträgt die Weißbuche. Alle drei eignen sich dank ihrer Schnittverträglichkeit als Heckengehölze.

Die Rotbuchen sind in Deutschlands Wäldern mit 15% die häufigste Baumart, in Österreich nur 10%, in der Schweiz 19%. Unter optimalen Bedingungen können sie bis 40 m hoch wachsen. Bei der richtigen Bestandsdichte gibt es schöne lange astfreie Stämme, die von der Möbelindustrie sehr geschätzt werden. Das Holz ist gut spaltbar und mit einer Brinellhärte von 34 N/mm² vergleichbar mit Eichenholz, aber weniger fäulnisresistent. Durch die Dampfbehandlung beugt man der Bildung von Trocknungsrissen vor und macht es geschmeidig und biegbar, z.B. für die Herstellung von Thonet-Stühlen. Als Brennholz hat es einen höheren Heizwert als Eichenholz, was auch bei der Buchenholzkohle zutrifft. Da dieses Holz reichlich zur Verfügung stand, wurde es auf verschiedenste Art und Weise genutzt. Beispielsweise für Eisenbahnschwellen, die durch eine Teerölimprägnierung eine Haltbarkeit von mehr als 40 Jahren hatten. Buchenholz verwendete man auch als Holzpflaster, Parkett und im Treppenbau. Heute findet man diese Holzart noch öfter bei Kleinartikeln wie Spielzeug, Rührlöffeln oder Frühstücksbrettchen. Schwächeres Holz landet bei der Papierindustrie und Herstellern von Span- und Faserplatten. Begehrt war die Buchenholzasche. Im Mittelalter benutzte man sie zur Herstellung von Waschlauge (Persil gab es damals noch nicht!). Große Mengen landeten wegen des hohen Anteils von Kaliumkarbonat = Pottasche bei der Glasherstellung. Zwei Teile Buchenasche und einen Teil Quarzsand ergaben durch die Schmelze das grüne „Waldglas". Der Holzbedarf war enorm. Für 100 kg Pottasche brauchte man 200 m³ Holz und weitere 100 m³ zum Schmelzen. Eigentlich als Nebenprodukt hat man Buchenholzteer gewonnen (das war mal Bestandteil von Hustensäften). Durch Destillation kann man daraus Kreosot gewinnen, das keimtötend wirkt und die Bronchialsekretion hemmt, aber auch giftig ist.

Die jungen frisch ausgetriebenen Blätter der Buche sind essbar und wirken entzündungshemmend, wenn sie auf Geschwüre aufgelegt werden. Die Samen dieser Bäume sind die Bucheckern, die meist paarweise in den eher weichstacheligen Fruchtkapseln heranreifen. Pellt man die feste braune Schale der meist dreieckigen Nüsschen ab, schmecken sie fast wie Haselnüsse. Allerdings wird ihnen wegen des enthaltenen Trimethylamines und Oxalsäure eine leichte Giftigkeit nachgesagt. Dessen ungeachtet wurden in der Kriegs- und Nachkriegszeit fleißig Bucheckern gesammelt, um daraus ein recht brauchbares Speiseöl pressen zu lassen. Der jährliche Ertrag ist stark wechselnd, weil diese Bäume nach überreicher Fruchtbildung manchmal mehrere Jahre zur Erholung brauchen.

Es gibt bei den Rotbuchen nicht, wie bei den Eichen oder Linden, 1000 jährige oder mehrere Jahrhunderte alte Exemplare. Hier haben wir eine natürliche Altersbegrenzung, die auch der beste Baumchirurg nicht überwinden kann. Nach meiner Erfahrung ist mit etwas über 200 Jahren Schluss. Ein gut dokumentiertes Beispiel war die markante Blutbuche im Fürst-Pückler-Park in Bad Muskau. Als ca. 40- jähriger Baum wurde sie 1826 an der Schlossrampe gepflanzt. Schon anno 2000 wurden erste Schäden sichtbar. Etwa 10 Jahre später war es ganz aus mit diesem Prachtexemplar. Später wurde mitten in die Überreste des Stammes ein durch Veredlung gewonnener, genetisch identischer Nachwuchs gepflanzt. (Man kann Denkmalpflege mit der Bemühung Ersatz so originalgetreu wie möglich zu schaffen auch übertreiben und gärtnerische Erfahrungen und Wissen ignorieren, auch wenn es manchmal funktioniert!). In diesem Park habe ich erlebt, dass eine entsprechend alte Rotbuche bei ruhigem feucht-warmem Sommerwetter einfach umkippte. Hautnahe erlebte ich dieses Phänomen bei einer Wanderung durch einen naturbelassenen Buchenbestand in den rumänischen Karpaten, westlich von Brasov (Kronstadt). Zum Glück ist – außer einem ordentlichen Schreck – nichts weiter passiert.

Außer als Solitärgehölz spielen Rotbuchen nicht nur als gut formbares Heckengehölz, wie auch die Hainbuchen, eine beachtliche Rolle in der Gartenarchitektur, es gibt viele Varianten, rotlaubige mit hängenden Zweigen als sogenannte Trauerbuchen, oder mit säulenförmigen Wuchs, oder mit geschlitzten Blättern. Eine besondere Kuriosität ist die „Süntelbuche", deren Äste ganz spontan hakenförmig wachsen – *Fagus sylvatica var. Tortuosa.* Ein natürliches Vorkommen ist nur in- und um das Deistergebiet (südwestlich von Hannover) bekannt. Ein schönes Exemplar steht mitten in Bad Münder (Deister).

Schädlinge und Krankheiten spielen bei den Buchen keine besondere Rolle, zumindest wenn die Standortbedingungen den Bedürfnissen dieser Bäume weitestgehend entsprechen. Das gilt übrigens für das gesamte Pflanzenreich, sofern es sich nicht um invasive eingeschleppte Pflanzenschädlinge handelt.

Erwähnenswert scheint mir noch ein bis heute nachwirkender Bezug aus der Zeit der alten Germanen und Kelten. Im 1. Jahrhundert unserer Zeitrechnung tauchten die ersten germanischen Schriftzeichen (Runen) auf, des Öfteren auf Stäben aus Buchenholz eingeritzt. Anfangs waren es eher Zauberzeichen, später, bis ins 5. Jahrhundert waren es echte Buchstaben zur Wortbildung. Sprachlich wurden wohl aus Buchenstäben die Buchstaben, auch ein Bezug zum „Buch" erscheint mir zulässig.

Besondere Ehrungen bekamen die Buchen als „Baum des Jahres" 1990 in Deutschland und 2014 in Österreich.

Wir alle schätzen die Buchen als imposante Schattenspender, die sehr viel CO_2 organisch binden und uns viel Sauerstoff spenden.

Die Linden

„Am Brunnen vor dem Tore...da steht ein Lindenbaum", so beginnt ein bekanntes Volkslied. Nur wenigen Baumarten wurde ein Lied gewidmet. Das zeigt uns, wie wichtig schon seit Urzeiten die "Dorflinde" für die Menschen ist.

Für die Germanen war sie ein heiliger Baum, der der nordischen Liebesgöttin Freya zugeordnet war. Im Schatten der Dorflinde tanzte die Jugend oder suchte und fand das Alter Ruhe und Erholung. Des Öfteren war unter der Dorflinde auch der Thingplatz (historische Stätte wo Gerichtsverhandlungen nach germanischem Recht stattfanden).

Ein Grund für die Verehrung war wohl auch die Langlebigkeit, 300 - 500 jährige Exemplare sind nicht selten. Auch von mehr als 1000 jährigen Bäumen wird berichtet. Fällt ein solcher Veteran, oder wird eine Linde abgesägt, treiben sie aus dem Wurzelstock kräftig aus und es entstehen relativ rasch neue, häufig mehrstämmige Bäume, eigentlich als Teil des alten Exemplars. Man kann so fast schon von einem ewigen Leben sprechen.

Botanisch handelt es sich um die Gattung *Tilia* von der Familie der Lindengewächse, *Tilioideae*, die wiederum ein Glied der Malvenpflanzen ist.

Zur Familie gehören (im Wörterbuch "Zander" angeführt) 14 Arten und mindestens 6 Art-Hybriden, die durchweg in den nördlichen gemäßigten Zonen beheimatet sind. Zu den für uns wichtigsten Arten zählt die Sommerlinde, *Tilia platyphyllos* - ehemals *T. grandifolia* - die die größeren Blätter hat, und etwas früher blüht als ihre Schwester, die Winderlinde, *T. cordata* - ehemals *T. parviflora*. Beides ins Deutsches übersetzt: *cordata* = herzförmig (Blätter) und *parviflora* = kleinblütig. Weit verbreitet ist die Hybride aus beiden Arten, *T. x vulgaris*, auch *T. europaea* genannt, zu Deutsch: Holländische Linde. Häufig, besonders in urbanen Bereichen ist die Silberlinde, *Tilia tomentosa*, anzutreffen. Diese aus Südosteuropa bis Anatolien stammende Art, mit den silbrig glänzenden Blattunterseiten, ist wegen ihrer besonders regelmäßigen, schönen Kronenform und Resistenz gegen Luftverschmutzungen auch für städtische Ballungsräume besonders geeignet.

Eine Verwandte Art ist die tropische Zimmerlinde, *Sparmannia africana*, mit großen samtig weichen Blättern und größeren weißen Blüten. Die zahlreichen langen Staubblätter - oder auch Fäden - reagieren bei Berührung mit einer Bewegung, die man "sich räkeln" nennen könnte.

Im Juni - Juli blühen unsere heimischen Linden meist überreich und verbreiten einen zarten, angenehmen Duft, der zahllose Bienen anlockt, die dank der Nektarspende, aber auch aus dem Honigtau der Blattläuse, den wunderbaren Lindenhonig herstellen.

Die Blüten, hauptsächlich getrocknet, ergeben aufgebrüht den wohlschmeckenden Lindenblütentee. Dieser Tee hat eine wohltuende Wirkung bei Krämpfen im Bauchbereich, bei Husten und Heiserkeit und ist schweißtreibend.

Früher verwendete man auch den Lindenbast, ein mehrlagiges feines Maschennetz mit einer ganz ordentlichen Zugfestigkeit, hauptsächlich in Russland für die Herstellung von Bastmatten, Decken und Körbchen. Gewonnen wird der Bast durch Abschälen von 20-30 jährigen Stangenholz. Die Rindenstreifen wurden dann ähnlich behandelt, wie es beim Flachs gemacht wird.

Das weiße und relativ weiche Lindenholz eignet sich besonders gut zum Schnitzen. So sind sehr viele der Heiligenfiguren, Marienbildnissen und Darstellungen des gekreuzigten Christus usw. aus Lindenholz. So spannt sich der Bogen von heiligen Bäumen der Germanen, über die Auferstehung zum nahezu ewigen Leben, bis hin zu den symbolischen christlichen Heiligenfiguren.

Linden sind mehr als nur irgendwelche Bäume.

Die Ahornbäume

Botanisch *Acer* - Familie der Seifenbaumgewächse *Sapindaceae* - eine Unterfamilie der Rosskastaniengewächse. Früher gab man den "Ahörnern" einen eigenen Familiennamen - *Aceraeae*. Je nach Autor gibt es 110 bis 200 Ahornarten. Gemeinsam haben sie alle die geflügelten Doppelsamen. Als Kinder haben wir uns manchmal je eine Hälfte nach Entfernung des Samenkernes auf die Nase geklebt.
Einheimisch kennen wir den Bergahorn *Acer pseudoplatanus*, den Spitzahorn *A. platanoides* und den Feldahorn *A. campestre*. Im Bereich der Nordalpen gibt es noch zwei geschlossene Waldgebiete mit über 2000 meist sehr alten Exemplaren des Bergahorns, die zum Teil schon ca. 500 Jahre alt sind. Bemerkenswert ist, dass die Gattungsnamen des Berg- und des Spitzahorns sich auf die Platanen beziehen, deren Blätter dem typischen Ahornblatt ähnlich sind. Umgekehrt wurden die in Mitteleuropa meist angepflanzten Hybriden von *Platanus occidentalis* (aus Nordamerika) und *Pl. orientalis* (Südeuropa bis Türkei und Syrien) *Platanus x acerifolia* = ahornblättrig benannt.
Bei Ahorn denken wir sogleich an den Ahornsirup, der meist aus Kanada importiert wird und durch eindampfen des Saftes von Zuckerahorn, *Acer saccharum*, gewonnen wird. Etwas irreführend ist da der Name des Silberahorns *A. saccharinum*, der auch in Nordamerika beheimatet ist. Unser heimischer Bergahorn wurde früher in Not- und

Kriegszeiten aber auch zur Sirup- und Zuckerherstellung genutzt. In diesen Zeiten waren die jungen eiweiß- und mineralhaltigen Blätter sogar eine Notnahrung, zubereitet wie Spinat. Zum Ahornsirup wäre noch zu berichten, dass die Zuckerahornbäume mindestens 40 Jahre alt sein müssen, bevor sie zur Saftgewinnung angezapft werden können. Das macht man am Besten im zeitigen Frühjahr, wenn die Temperaturen nachts knapp unter, am Tage knapp über 0° Celsius liegen. Für 1 Liter Sirup mit 60% Zuckeranteil benötigt man 40-50 Liter Saft. Je heller der Sirup, umso wertvoller ist er. Im Verlauf der Saison - bis Ende April etwa - wird der Sirup immer dunkler, im Geschmack sehr kräftig, ist aber milder als Birkensirup. Als Inhaltsstoffe finden wir hauptsächlich Saccharose, etwas Glucose und Fructose, ein wenig Eiweiß, auch Vitamine, Calcium, Eisen, Kalium und Magnesium.

In der Antike hatten die Griechen den Ahorn dem Kriegsgott Ares geweiht. Das trojanische Pferd soll aus Ahornholz gewesen sein. Im Mittelalter sprach man dem Ahorn Schutzkräfte zu. Türschwellen aus dem Holz dieses Baumes sollten Hexen, böse Geister und Vampire ferngehalten haben. In der Schweiz, Kanton Graubünden, war 1424 ein Ahorn der "Schwurbaum" unter dem nach Einigung der verschiedenen Volksgruppen "Der graue Bund" begründet wurde, der übrigens heute noch besteht!

Kanada wählte das (etwas stilisierte) Blatt des Silberahorns als Staatssymbol, wir finden es auf der Flagge, Geldscheinen, Münzen und vielen Dingen, womit man nicht ohne Stolz auf Kanada hinweisen möchte.

Medizinisch ist der Ahorn etwas in Vergessenheit geraten. Im alten Ägypten zählte der Ahorn in den Listen der Priester zu den wichtigsten Heilpflanzen. Durch die in den Blättern des Feldahorns enthaltenen Flavonoide, Gerbstoffe, Saponine und Vitamine wird eine abschwellende und kühlende Wirkung bei Prellungen, Schwellungen, Insektenstichen und Hautverletzungen - nicht bei offenen Wunden - erreicht. Auch die "Hildegard von Bingen" empfiehlt zur Fiebersenkung ein Bad mit einer Abkochung aus Ahornblättern und Zweigen.

Kommen wir noch zum Holz der Ahornbäume. Mit einer Brinellhärte von 27 N/mm² zählt das vorwiegend vom Bergahorn stammende Holz zu den mittleren Harthölzern. Allerdings ist es nicht witterungsbeständig. Wegen der geringen Abnutzung ist es gut geeignet für Treppen, helles Parkett, Arbeitsplatten, Sportgeräte und Spielzeuge. Ahornholz lässt sich gut polieren und beizen und wird darum gern für die Herstellung von Musikinstrumenten wie Flöten, Geigen, Gitarren, Harfen oder Zithern genutzt.

Außer den drei näher beschriebenen einheimischen Ahornarten haben sich auch einige der Exoten bei uns etabliert, die wir kaum noch als "Ausländer" wahrnehmen. Hierzu zählen beispielsweise der eschenblättrige Ahorn *Acer negundo* auch mit der weißbunten - panaschierten - Variante, oder der Silberahorn - *A. saccharinum,* sowie der

Rotahorn - *A. rubrum*. Als strauchartiges Gehölz finden wir in Gärten häufig den Fächerahorn - *A. palmatum* - den es in sehr vielen Sortenvarianten gibt, oft rotlaubig, aber immer mit attraktiver Herbstfärbung. In der Gestaltung der Blattformen gibt es ganz schön "raffinierte" Nachahmer ganz anderer Gehölzarten wie die Art *A. opalus* = schneeballblättriger Ahorn, oder auch *A. crataegifolium*, den weißdornblättrigen Ahorn. Selbst Fachleute müssen beim *A. carpinifolium* sehr genau hinschauen, um zu erkennen, dass es nicht eine Hainbuche, sondern ein Ahorn ist.

Natürlich konnte hier nur über einen kleinen Teil der Artenvielfalt mit zahllosen Hybriden und Sorten berichtet werden. Mehr wäre wahrscheinlich auch dem interessierten Leser zu viel.

Die Eschen

Unsere heimische Esche, *Fraxinus excelsior*, ein Familienmitglied der Ölbaumgewächse, ist in ganz Europa, von Südskandinavien bis in die Türkei, Syrien, Kaukasien und Nordiran beheimatet. Die schon vor dem Blattaustrieb in bräunlichen Büscheln erscheinenden Blüten werden vom Wind bestäubt. Die daraus hervorgehenden geflügelten Samen nutzen ebenfalls den Wind als Transportmittel.

Die schlanken recht hochwachsenden Bäume liefern ein vielseitig verwendbares Holz. Die Brinellhärte beträgt 41 N/mm^2. Wir finden Eschenholz als Parkett, Treppenstufen, Furnier und Möbelholz. Wegen der sehr hohen Biegefestigkeit wird es vielfach für Axt-, Hammer und Spatenstiele, sowie für die Herstellung von Sportgeräten wie Schlitten und Skiern verwendet. Bei vielen Sportgeräten wie z.B. Barrenholmen wurde das Holz weitgehend von glas- oder kohlefaserverstärkten Kunststoffen verdrängt.

In Konkurrenz zum Eschenholz stand das aus Amerika stammende Hickoryholz (*Carya tomentosa*, eine nahe Verwandte der Walnuss), welches über eine noch höhere Dichte und Biegefestigkeit verfügt. Für höhere Ansprüche an Sportgeräte, wie bei Sportbögen oder Skiern und Werkzeugstielen, verwendete man dieses deutlich teurere Importholz, welches aber nun ebenso wie Eschenholz von modernen Werkstoffen verdrängt wurde. Eine schwache Seite haben jedoch beide Holzarten, und zwar die Anfälligkeit gegenüber Witterungseinflüssen. Darum sind sie für Bauzwecke und Verwendung im Freien wenig geeignet.

In der nordischen Sagenwelt spielte die Esche eine besondere Rolle. Sie wurde als Yggdrasil, der Weltenbaum als Verkörperung der Schöpfung - als Gesamtes, räumlich, zeitlich und inhaltlich - verehrt. In der Edda wurden auch andere Namen wie "Mimameid" oder "Larud" für den Weltenbaum verwendet. Es gibt auch Interpretationen, dass Yggdrasil keine Esche, sondern eine Eibe war, die als heiliger Baum im Tempelbezirk von Uppsala stand...

Interessant ist auch die Blumenesche, *Fraxinus ornus*, die von der iberischen Halbinsel bis zum Kaukasus und dem Umfeld des Mittelmeeres beheimatet ist, und in den westlichen Balkanländern häufig wildwachsend vorkommt. Wegen ihrer weißen Blütenstände und dem geringen Platzbedarf - sie werden keine größeren Bäume - pflanzt man sie auch gern im urbanen Umfeld. Ein anderer Name für die Blumenesche ist "Mannaesche". Der Saft aus angeritzten Zweigen und Ästen erhärtet sich ziemlich schnell und enthält das süß schmeckende Mannitol, ein sechswertiger Alkohol (im Grunde eine Zuckerart). Dieses Eschenmanna ist medizinisch interessant wegen der abführenden Wirkung und als Diuretika. In Süditalien gibt es Plantagen für die professionelle Gewinnung von Eschenmanna.

Unsere Eschenbestände sind stark gefährdet durch das Eschensterben, welches von zwei verschiedenen Schädlingen verursacht wird. Bereits in Mitteleuropa angekommen ist der asiatische Pilz "*Hymenoscyphus fraxineus*", in Deutschland 2007 erstmals nachgewiesen, inzwischen besonders in Bayern weit verbreitet. Dieser Pilz befällt Bäume jeden Alters und führt zuerst zum Absterben der Leittriebe. Unterhalb werden viele, auch "schlafende" Knospen zum Austreiben angeregt, was die Kronenstruktur durch eine Verbuschung verändert. Nach wenigen Jahren stirbt dann der ganze Baum.

Ein Hoffnungsschimmer für die Erhaltung der Art ist, dass es offensichtlich einzelne Exemplare gibt, die gegenüber diesem Schädling immun sind.

Ebenfalls sehr gefährlich für die Eschenbestände ist der japanische Eschenprachtkäfer "*Agrilus planipennis*". Dieser in großen Teilen Ostasiens beheimatete Schädling wurde nach Nordamerika eingeschleppt und hat dort inzwischen mindestens 50 Millionen Eschen zum Absterben gebracht. In Europa ist er von Osten kommend bis etwa 250 km westlich von Moskau nachgewiesen worden. Außer der natürlichen Verbreitung - die Käfer fliegen meist nur bis 1,5 km weit - wird der Schädling durch befallenes Holz im Verpackungsmaterial (z.B. Kisten und Paletten) oder Brennholz oft über große Entfernungen extrem beschleunigt verbreitet. Gewissermaßen "klopft er bei uns schon an die Tür". Die Eschenprachtkäfer legen ihre Eier in Ritzen der Borke. Die geschlüpften Larven fressen sich rasch zur Kambiumschicht, das ist die Grenzschicht zwischen Borke und Holz, durch, wo das Wachstum nach innen (Jahresringe) und außen, sowie der Säfteaustausch zwischen Wurzel und Krone stattfindet. In dieser Schicht fressen die flachen, weißen, bis 32 Millimeter langen Larven die typisch serpentinenartigen Gänge. Dadurch werden die Leitungsbahnen unterbrochen, was meistens innerhalb von 3 Jahren zum Absterben des Baumes führt. Besorgniserregend ist, dass bei Einschleppung dieses Schädlings die gegen die Pilzerkrankung immunen Exemplare gefährdet sein werden.

Es ist nichts Ungewöhnliches, dass Lebewesen, Tiere, Pflanzen, auch Menschen und ihre Krankheiten und Schädlinge wandern und neue Lebensräume erobern. Oft ist damit verbunden, dass durch die Invasoren (man spricht von invasiven Arten) autochthone Arten verdrängt, manchmal sogar ausgerottet werden und aussterben. Besonders gefährlich ist aber die Beschleunigung der Wanderungen durch das globale Transportwesen und das Überspringen von natürlichen Barrieren wie Ozeanen oder Gebirgsketten. Damit wird die Bedrohung kontinentalübergreifend und der Natur fehlt dann die Zeit, sich damit zu arrangieren – so etwas braucht Jahrhunderte oder länger!

Was können wir als Konsumenten, als einfache Menschen tun? Durch eine bewusste Orientierung auf regionale Erzeugnisse, besonders von Naturprodukten, können wir nicht nur der Natur etwas Gutes tun, sondern auch ein wenig dazu beitragen, dass diese Wanderungen nicht noch weiter beschleunigt werden.

Die Birken

Diese Baumart könnte man als sehr selbstbewusst, ja als eitel bezeichnen, wenn man sie als Individuum betrachtet. Darum soll der folgende Text so verfasst werden, als ob der Baum es uns erzählt:

„Mein Name ist Weißbirke, die Botaniker nennen mich *Betula pendula*. Mit mehr als 30 Geschwistern (Arten) gehören wir gemeinsam mit den Erlen, Hainbuchen und Haselnußarten zur Familie der Birkengewächse *Betulaceae*. Von Marokko über ganz Europa bis Westsibirien bin ich zu Hause. Ich stelle keine großen Ansprüche an den Boden. Mit Moorböden komme ich ebenso zurecht, wie mit magerem Sand, selbst auf rekultivierten Tagebauflächen bin ich gern eine Pionierpflanze, nur Licht und Sonne liebe ich sehr. Selbst im hohen Norden fühle ich mich wohl, besonders meine Schwester, die etwas kleingebliebene Zwergbirke *Betula nana*.

Ich bin die Schöne, kein anderer Baum hat so eine weiße Rinde wie ich, nur meine amerikanische Schwester, die Papierbirke, *B. papyrifera* hat schönere Rinde, die sich in größeren Flächen ablösen lässt und sogar als Briefpapier dienen kann. Indianer verwenden die Rinde sogar zur Herstellung von Kanus und als Wandmaterial für Wigwams.

Auch meine Rinde wurde, speziell in Finnland, zur Herstellung verschiedener Gebrauchsgegenstände benutzt, so z.B. für Schuhe, Rucksäcke oder Vorratsbehälter für Brot, Mehl oder Tee. Von Vorteil dafr sind ihre antiseptischen Eigenschaften. Dank meiner hellen Rinde werde ich auch als Straßenmarkierung alleeartig angepflanzt. Der oder die nächtliche Autofahrer(in) freut sich darüber.

Mein Holz ist zwar zäh, aber von geringer Tragkraft und Beständigkeit, darum als Bauholz nicht ideal. Aber für Tischler- und Drechslerarbeiten oder Holzschuhe und Wäscheklammern wird es gern verwendet.

Hauptsächlich macht man Schälfurniere wegen der hellen Farbe und oft schönen Maserung aus meinem Holz, ebenso wie Sperrholzplatten. Selbst mein Reisig nimmt man nicht nur zum sanft Auspeitschen in der Sauna, sondern auch als Material für die Besenbinder – ein nahezu ausgestorbener Gewerbezweig – und gebündelt im Deich- und Wasserbau.

Im Brauchtum spielte ich schon im germanischen und slawischen Volksglauben eine große Rolle und war der Göttin Freya geweiht. Aus dieser Zeit stammt der Brauch des Maibaumes, dessen Spitze eine junge Birke bildet. Es wurde so der Frühling ins Dorf geholt. Ich Birke war so auch Symbol der Fruchtbarkeit und war Helferin in Liebesnöten.

In katholischen Gegenden säumten zu Fronleichnam viele junge, aufgestellte Birken die Wegstrecken der Prozessionen.

Ich bin Wahrzeichen Estlands, Finnlands, Russlands und von Polen, so wie es die Eiche für Deutschland ist. Vielleicht spielt da der besonders in Teilen Russlands aus vergorenem Birkensaft gewonnene Birkenwein eine Rolle? (Viele kennen eher das einst beliebte Birkenhaarwasser!) Wenn ich verletzt werde, durch Anbohren meines Stammes oder durch Abschneiden von Zweigen, „blute" ich, ganz besonders im Frühjahr, stark. Mein „Blut" ist der klare, süß schmeckende Birkensaft. An Inhaltsstoffen finden wir durchschnittlich 5.5% Zucker in Form von Xylitol, das im Gegensatz zum üblichen Haushaltszucker gut für die Zahngesundheit ist, weil es Kariesbakterien nachweislich reduziert; Vitamine, Aminosäuren (=Eiweißbausteine), Magnesium, Calcium, Natrium, Phosphor, Zink, Mangan und Saponine. Das Birkenwasser ist kalorienarm (100ml < 20 Kalorien), aber ernährungsphysiologisch, speziell durch die vielen Spurenelemente, recht wertvoll und gesundheitsfördernd. So wird berichtet, dass mein „Blut" entzündungshemmend und cholesterinsenkend sein soll, außerdem bei Haarausfall, Rheuma und Diabetes wirkt. Aus diesem Grunde wird Birkensaft auch als Bio-Getränk im Internet angeboten. In Lettland stellt man aus diesem Saft durch Eindampfen Birkensirup her, der eine kräftige, angenehme aromatische Note hat und in der Küche, Backstube und sogar in der Bar als Zugabe bei Mixgetränken gern verwendet wird. Leider ist dieses Produkt in Deutschland kaum erhältlich.

Eher zu haben ist der Birkenzucker Xylitol (chemische Formel $C_5H_{12}O_5$) per Internet und in manchen Reformhäusern. Der Preis per Kilogramm liegt bei 11 Euro. Allerdings muss ich feststellen, dass hier mein Name „Birke" für ein Produkt verwendet wird, was industriell aus Spindeln der Maiskolben, Stroh, Getreidekleie, Zuckerrohrbagasse und diversen Harthölzern, kaum aus Birkenholz, mit sehr hohem Aufwand hergestellt wird. Der „Birkenzucker" hat 40% weniger Kalorien als unser Rübenzucker, er beeinflusst den Blutzuckerspiegel bei Diabetikern weniger, weil er im Dünndarm langsamer und unvollständig resorbiert wird. Bei Einnahme von mehr als 0,5 Gramm je Kilogramm Körpergewicht wirkt er abführend.

Ein ganz anderes Kapitel ist, dass durch Birkenholzverschwelung (Trockendestillation) Birkenpech erzeugt werden kann. Diese Methode kannten schon die Neandertaler und der „moderne Mensch", *Homo sapiens*, die diesen allerersten „Kunststoff" verwendeten, um Steinkeile, Pflanzenfasern und Holzgriffe stabil miteinander zu verbinden. Die ältesten derartigen Funde werden bis zu 50 000 Jahre vor unserer Zeit datiert.

Warum darf ich nicht stolz sein? Nun, ich bin im Frühling eine der Ersten, mein Wuchs ist elegant, im Herbst zeige ich Färbung und auch im Winter falle ich mit meinem hellen Kleid auf und ich gebe auch den Menschen recht nützliche Dinge, darum darf ich das wohl auch!"

Pappeln

Pappeln werden zu Unrecht nicht besonders geschätzt und oft als Lückenbüßer betrachtet. Die folgenden Zeilen sollen zeigen, dass sie eine größere Wertschätzung verdienen.

Wie bei den meisten Baumnamen ist die aus dem Lateinischen übernommene Bezeichnung „*Populus*" weiblich. Das gleiche Wort in männlicher Form bedeutet "das Volk". Wenn man so will, kann man da einen Sinn oder Zusammenhang heraus ableiten, denn die Pappeln haben bei uns meistens "dienende" Aufgaben als einfacher Rohstofferzeuger zu erfüllen. Fast nur in Ausnahmefällen "dürfen" sie ihre ganze Kraft, Pracht und Schönheit entfalten, wo sie meist nur um die 100 Jahre, ganz selten bis 200 Jahre alt werden. Trotzdem gibt es ab und zu mächtige Exemplare. So musste in meiner beruflichen Laufbahn eine etwa 150 Jahre alte Pappel aus Sicherheitsgründen gefällt werden. Der gerade, praktisch astfreie Stamm hatte in Brusthöhe einen Durchmesser von ca. 2 m und erbrachte 14 Festmeter (entspricht m^3) Nutzholz in einem Stück.

Zurück zur Botanik: Die Gattung *Populus* mit mehr als 40 Arten ist in den gemäßigten Klimazonen Eurasiens und Nordamerikas beheimatet. Pappeln gehören zur Familie der Weidengewächse = *Salicaceae*. Sie haben auch einiges gemeinsam mit den Weiden. So zum Beispiel die Zweihäusigkeit, also jeweils männliche und weibliche Exemplare der gleichen Art.

Zur Anpflanzung werden die Männlichen meist bevorzugt, weil die Weiblichen Unmengen der wolligen Samen produzieren, die herumfliegend schon lästig werden können.

Die eigentlichen, sehr kleinen Samen sind extrem kurzlebig, sie verlieren schon nach wenigen Tagen ihre Keimfähigkeit, wenn sie keinen geeigneten Platz gefunden haben.

Ein weiters Merkmal ist die Regenerationsfähigkeit der Pappel. Um neue Pappeln oder Weiden zu erhalten, genügt es in der Regel einen Stock - egal, ob dünn oder dick - zur rechten Zeit in die Erde zu stecken, wo sich alsbald Wurzeln und Austriebe bilden.

In unseren Breiten spielen hauptsächlich 4 Arten und zahlreiche Hybriden eine größere Rolle.

Da ist die Schwarzpappel - *Populus nigra*. Die Rinde ist fast schwarz, die Blätter relativ klein, die Bäume werden über 25 Meter hoch und bevorzugen Standorte in Auwäldern.

Eine Abart ist die Pyramidenpappel - Varietät *italica*. Sie gibt es nur in männlicher Form. Man fand und findet Pyramidenpappeln oft an markanten Punkten des Überland-Straßennetzes aus napoleonischer Zeit als Orientierungshilfen, die wegen der relativ kurzen Lebenserwartung leider immer seltener werden, wenn man nicht nachgepflanzt hat.

Recht bekannt ist die Zitterpappel, *Populus tremula*, auch Espe genannt. Die nahezu kreisrunden Blätter sitzen an relativ dünnen Stielen und werden schon bei geringer Luftbewegung zum "zittern" gebracht, daher das Sprichwort "zittern wie Espenlaub." Das natürliche Verbreitungsgebiet geht von Europa über das ganze nördliche Asien bis nach Sachalin.

Eine "Unart" haben die Espen mit ihrer extremen „Ausläuferbildung". Sie können zum Unkraut werden, welches schwer zu bändigen ist.

In Amerika gibt es ein Gegenstück zu dieser Art, die *Populus tremuloides*, vorkommend von Alaska bis Kalifornien.

Ein weiterer "Europäer" der Pappeln ist die Weiß- oder Silberpappel - *Populus alba*, die sich nur bis Westsibirien und in die Randbereiche des Himalaya ausgebreitet hat. Der Stamm ist fast weiß, die gelappten Blätter haben unterseits eine silbrig-weiße Behaarung. In Parkanlagen setzten die Silberpappeln besondere Akzente, denn bei Luftbewegung sieht man silbrig-weiß flimmernde Bäume.

Die Balsampappel - *Populus balsamifera* -, mit etwas größeren Blättern, die balsamisch duften, ist in Amerika von Alaska bis in die USA zu Hause. In Europa ist diese Art am ehesten als Partner für die Einkreuzung von Interesse.

Das helle Pappelholz ist verhältnismäßig leicht und weich. Typisch sind, als Folge des schnellen Wachstums, Jahresringe, die mehr als 1 cm breit sein können.

Diese Holzart hat einen hohen Zelluloseanteil und weniger Lignine, die die Verholzung von Zellen bewirken, darum ist die Pappel für die Papierindustrie besonders gut geeignet.

Naturbelassen verarbeitet man dieses Holz zu Zündhölzern, Kisten, Sperrholz oder Holzschuhen. Auch die meist runden Camembert-Käseschachteln sind oft aus Pappelholz. In der Renaissance wurden Tafelbilder und Gemälde, wie auch die "Mona Lisa" von Leonardo da Vinci, auf solches Holz gemalt.

Gegenwärtig gibt es weltweit 6,7 Millionen Hektar angepflanzte Pappeln, durchweg Hybriden und männlich, davon dienen 3,8 Millionen der reinen Holzproduktion, im Wesentlichen für die Papierindustrie.

Schon ab 40 Jahren nach der Pflanzung ist die Nutzung möglich. Viele Anpflanzungen erfolgen im Rahmen der Rekultivierung von devastierten Flächen, auch als Windschutzstreifen der Landschaftspflege, dort ist eine spätere Nutzung inbegriffen.

Auch in Parkanlagen sind manche Arten gut platziert.

Natürlich sind einige Vertreter der Fauna auch an Pappeln interessiert. Nach den schädlichen Bakterien und Milben sind Blattläuse, speziell Spiralgallenläuse, kleine ungebetene Gäste. Besonders bei Schwarzpappeln setzen sie sich an Blattstielen fest, wo Hormone abgegeben werden, die das Zellwachstum anregen, sodass sich die Blattstiele verdicken und verwinden. So entstehen "Wohlfühlhöhlen" für diese Parasiten. Von all dem Gekrabbel und Genage soll ein besonderer Holzfresser erwähnt werden, der Weidenbohrer *Cossus cossus* (bei vielen Tierarten sind Gattungs- und Artnamen gleichlautend).

Ein großer, seltener (das ist auch gut so) Nachtfalter legt Eier am Stamm von Weiden und Pappeln, gelegentlich auch von Obstbäumen, ab. Daraus entwickeln sich in mehrjährigem Zyklus holzbohrende fingerdicke Raupen, die sich auch tiefer in den Stamm hineinfressen. Mit 10 Zentimeter Länge sind sie wohl die Größten unter den "Holzwürmern".

Die Blätter, Knospen, Zweige und Rinde der Pappeln enthalten verschiedene Wirkstoffe, wie Phenole und Gerbsäure. Medizinisch behandelt man mit Extrakten aus diesen Pflanzenteilen Verbrennungen, Gelenkschwellungen und Juckreiz.
Als Tee getrunken soll es bei Harnwegsentzündungen helfen.
Die Rinde wurde auch zum Gerben verwendet.
Zusammenfassend können wir feststellen, dass Pappeln nicht minderwertig oder nur Lückenbüßer sind, sondern die gleiche Wertschätzung verdienen wie andere, oft bekanntere Gehölzarten.

Die Weiden

Schon die Römer nannten Weiden „*Salix*". Diese Gattung soll weltweit in ca. 300 Arten vorkommen. Im aktuellen „Zander" (das verbindliche botanische Wörterbuch) sind > 75 Arten und zahlreiche Hybriden zu finden.
Weiden sind auch namensgebend für den Familiennamen „*Salicaceae*". Zu dieser Familie gehört außer den Weiden noch eine weitere Gattung – *Populus*, die Pappeln. Bei den Pappeln wurde bereits darauf hingewiesen, dass beide Gattungen viele Übereinstimmungen in wichtigen Merkmalen aufweisen. Trotzdem haben die beiden Arten recht unterschiedliche Charaktere. Vergleichen wir mal eine solitär stehende Schwarzpappel, kräftig, aufrecht wachsend, dominant, mit einer Trauerweide – *Salix babylonica* – weiche Formen, sich mit den dünnen Zweigen dem Spiel des Windes hingebend, mehr demütig, beruhigend.
Das Holz der Weiden ist dem Pappelholz sehr ähnlich (wird zwar kaum vermarktet) wird aber wegen des schnellen Wachstums öfters energetisch verwertet. Besonders die dünnen, einjährigen Austriebe haben dank ihrer Geschmeidigkeit schon seit Urzeiten einen hohen Nutzwert. Bereits im Mesolithikum wurden aus diesem Material Seile und Fischnetze gefertigt, was datierbare Artefakte beweisen. Die Korbflechterei bis zur Anfertigung von Möbeln hat eine Jahrtausende lange Tradition. Für gröbere Arbeiten, z.B. Kartoffelkörbe verwendete man die Weidenruten mit

Rinde; für feinere, wie Brotkörbe usw. im geschälten Zustand.

Eine starke Konkurrenz für feinere und aufwändigere Produkte wie feine Korbmöbel und z.B. Sitz- und
Lehnenbespannungen bekamen die flechtbaren Weiden
vom Peddigrohr, auch bekannt als Rattanmöbel aus dem
ostindischen bis malaysischen Gebiet. Dieses Peddigrohr
wird von einer schlingenden Palmenart – *Calamus rotang*,
auch Rotangpalme genannt, gewonnen. Der Vorteil sind
um die 5 Meter lange, leicht spaltbare, zähe Triebe, die
durch Wasserdampf geschmeidig und damit gut flechtbar
werden. Aber auch hier gibt es schon einen industriellen
Ersatz mit der Bezeichnung Polyrattan.

Zurück zu unseren Weiden. Von der Vielzahl der Arten
wollen wir nur Wenige, mir besonders interessant erschei-
nende, näher betrachten.

Beginnen wir mit der Sal- oder Palmweide, *Salix caprea*, von
lat. Capra = die Ziege abgeleitet, weil die Blätter gern als
Ziegenfutter Verwendung fanden. Interessanter sind für
uns die männlichen Blüten. Schon im Winter, wenn die
Schutzhaut abgezogen wird, sind die silbrig-weißen „Wei-
denkätzchen" eine Zierde, was auch die Floristen zu schätzen wissen. Im zeitigen Frühjahr, wo ansonsten so gut wie
noch gar nichts blüht, entfalten sich die Staubgefäße zu
gelb leuchtenden Pinselblüten und spenden reichlich Pollen, die für vom langen Winter „hungrigen" Bienen für die
Aufzucht neuer Generationen von Arbeitsbienen sehr

wichtig sind. Für unsere Honigbienen, Wildbienen und andere überwinternde Insekten ist diese „Pollenspende" so überlebenswichtig, dass die „Kätzchenweiden" unter Naturschutz gestellt wurden. Trotzdem findet man sie immer wieder im Angebot auf Märkten.

Die Heimat dieser Weidenart geht von Europa über den Kaukasus bis zum Amur, China, Korea und Japan.

Die nächst wichtigste Art ist wohl die Korbweide, *Salix viminalis*. Durch die Aberntung der jungen Triebe für die Korbflechterei entstanden die oft an Bachufern stehenden Kopfweiden. Des Öfteren findet man an solchen Standorten heute alte Kopfweiden, die aber schon jahrelang nicht mehr abgeerntet worden sind und mehr als armstarke Austriebe in die Höhe wachsen lassen. Die traditionelle Korbflechterei finden wir in Mitteleuropa meist nur noch in Museumsdörfern, wo unter anderem alte Handwerkskunst vorgeführt wird. Dabei ist es für die Umwelt ohne Zweifel besser, wenn aus dem nachwachsenden Rohstoff Weidenruten Körbe und diverse Nutzgegenstände hergestellt werden, als wenn man dafür Kunststoffe verwendet.

Dünnere Weidenzweige haben wir noch in der Zeit nach dem 2. Weltkrieg zum Anheften der Weinreben an die längs der Reihen gespannten Drähte verwendet. Das hat wenig gekostet, war absolut umweltverträglich und ging genau so schnell, wie mit den heute gebräuchlichen Heft- bzw. Bindegeräten, wo das Bindematerial selbstverständlich aus einem Kunststoff ist.

Die Korbweide, auch als Hanfweide bezeichnet, bevorzugt
– wie auch die meisten anderen Salixarten – feuchte Standorte, z.B. an Wasserläufen und diente häufig als Uferbefestigung. Hier war die enorme Regenerationsfähigkeit von Vorteil, es genügte meist einfach Stücke einer Weidenrute in die Erde zu stecken, um einen neuen Bestand zu gründen. Beheimatet ist diese Weidenart vor der iberischen Halbinsel über das mittlere und nördliche Europa, Iran, Himalaya und Mongolei bis Japan.

Verbreitet finden wir auch die Silberweide, *Salix alba*. Diese Art wird baumgroß, wird aber auch als Kopfweide zurechtgestutzt. Für die Bienen ist sie genauso wichtig, wie die Salweide. Weitgehend in Vergessenheit ist diese Art als Heilpflanze geraten. In der Rinde und in den Blättern sind Gerbstoffe wie Tannin enthalten. Der wichtigste medizinisch wirksame Inhaltsstoff ist das Glykosid Salicin, das bei Fieber, Rheuma und allerlei Schmerzen nachweislich wirkt. Verwendet wurden und werden Abkochungen der Weidenrinde. Schon bei den römischen Legionen wurden sie als sehr wichtige Medizin allgemein verwendet. Chemisch dicht bei Salicin ist die Salicylsäure. Diese wiederum kann man mit relativ einfachen Verfahren billig in Massen herstellen. Weiter verarbeitet mit Essigsäure erzeugt man die Acetylsalicylsäure – das ist die Basis von Aspirin. Diese Produkte wirken als Fieber – und Schmerzmittel und niedrig dosiert als Blutverdünnung. So wurde die Silberweide als Heilpflanze von der Pharmaindustrie völlig verdrängt.

Die anderen Salixarten enthalten auch Salicin, allerdings meist in geringerer Konzentration.

Erwähnt werden muss natürlich die Trauerweide. Als Charakterbaum am Dorfteich und auf Friedhöfen. Für die botanische Bezeichnung sind zwei Varianten bekannt. Die wahrscheinlich verbindliche Bezeichnung ist *Salix babylonica*, deren Heimat China und weiter westlich bis zum Kaukasus und Iran reicht. Die andere Variante lautet *Salix alba varietät tristis*. Von und mit beiden gibt es natürlich auch Hybriden, was die exakte Bestimmung erschwert. Abschließend noch einige Worte zur *Salix matsudana*. Wie der Name schon verrät, muss die Heimat in Fernost (China und Korea) liegen. Wir kennen sie als Korkenzieher, bzw. Dauerwellenweide, deren verdrehte Zweige auch ohne Laub recht dekorativ sein können. Natürlich konnte hier nur ein Bruchteil der Variantenvielfalt abgehandelt werden.

Die Erlen

Je nach Landschaft sind unterschiedliche Namen für die Erlen gebräuchlich. Im Lausitzischen sagt man für Erlen meist "Ellern", im Neumärkischen "Elsen", oder im Oldenburgischen (auf dem Hintergrund, dass man aus dem Holz oft Holzschuhe herstellte), die Bezeichnung "Holschenboom". Für den Botaniker ist es die Gattung "*Alnus*" zur Familie der Birkengewächse - *Betulaceae* - gehörend.

Die drei Hauptarten sind in Europa beheimatet: *Alnus viridis* = Grünerle (lateinisch *viridis* = grün), dann Grauerle = *Alnus incana* (lat.:*incanus* = ganz grau) und *Alnus glutinosa*, die Schwarzerle (lat.:*glutinosus* = klebrig, bzw. *glutinum* im medizinischen Sinn "verheilen lassen"), bezugnehmend auf die medizinische Verwendung. Außerdem werden mehr als 10 weitere Arten, auch Hybriden, beschrieben, die durchweg nur auf der nördlichen Halbkugel, Eurasiens und auch Nordamerikas, beheimatet sind.
Erlen haben eine besondere Eigenschaft, sie leben mit Bakterien in Symbiose. Gemeint ist die zu den Aktinomyzeten gehörende Art *Frankia alni*, die wie die mit den Leguminosen lebenden Knöllchenbakterien den Stickstoff der Luft organisch binden und an ihre Wirtspflanzen abgeben, dafür erhalten sie organische Stoffe vom Baum. Dank dieser Eigenschaften gedeihen Erlen auch auf nährstoffarmen

Standorten als Pionierpflanzen, die den Boden für anspruchsvollere Arten aufbereiten.

Grau- und Schwarzerlen wachsen vorwiegend an Gewässerrändern und sind somit wertvoll für den Uferschutz. Uralte Baumveteranen wie bei Eichen oder Linden finden wir bei den Erlen nicht, weil sie nur selten ein Alter von 120 Jahren erreichen (Schwarzerle). Reinbestände gibt es fast nur im Spreewald (südöstlich von Berlin). In der norddeutschen Tiefebene sind sie das häufigste Begleitgehölz an Wassergräben, Bächen und Flüssen.

Im Volksglauben wurden Erlen häufig mit dem Teufel und Hexerei in Verbindung gebracht. Die Ballade "Der Erlkönig" von Goethe hat dagegen mit Erlen in Wirklichkeit gar nichts zu tun, sondern entstand eher durch einen Übersetzungsfehler von Gottfried Herder, der den Stoff aus dem Dänischen übersetzt hat. Dort heißt er "Ellerkonge", was Elfenkönig, aber nicht Erlkönig bedeutet.

Kommen wir zum Holz: Erlenholz ist mittelschwer, lässt sich gut bearbeiten - ähnlich wie Lindenholz - und reißt beim Trocknen kaum. Es nimmt Holzbeize gut auf und wird darum oft im Möbelbau als Ersatz für Kirschbaum, Nussbaum und Mahagoni, ja sogar statt Ebenholz verwendet. Auch Instrumentenbauer (Saiteninstrumente) nehmen häufig das Holz der Erle, u.a. weil es sich gut polieren lässt. Erlenholz ist nur mäßig witterungsbeständig. Dafür ist es unter Wasser sehr dauerhaft. Pfahlbauten aus der Jungsteinzeit stehen auf Erlenholz. So auch Venedig, welches neben den Eichenpfählen auf Erlenholz ruht.

Spezielle Holzkohlevarianten wie Lötkohle, Laborkohle und Zeichenkohle werden aus Erlenholz hergestellt. Die beste Zeichenkohle macht man allerdings aus Pfaffenhütchen - *Euonymus europaeus* Zweigen.

Als Ersatz statt Zedernholz (*Cedrus atlantica* = Atlaszeder) oder Holz von der Weymouth-Kiefer (*Pinus strobus*) wird für die Herstellung von Bleistiften auch Erlenholz verwendet. Der größere Anteil landet allerdings in der Spanplatten- und Papierindustrie.

Blütenstände, Zapfen, Zweige und Rinde sind Rohstoff für Tinte und Naturfarbstoffe zur Färbung von Textilien und schwarzem Leder.

Für viele Menschen sind im ganz zeitigen Frühjahr neben Hasel- und Birkenpollen auch Erlenpollen der Auslöser von heftigen Allergien und damit sehr unangenehme "Grüße" dieser windbestäubenden Bäume.

Medizinisch wurden Erlen nie besonders hoch geschätzt. Ob Plinius, oder Hieronymus Bock in seinem "Kreütterbuch" von 1546 oder Hildegard von Bingen, sie sind sich einig in der relativ geringen Bedeutung dieser Bäume. Andererseits stimmen sie überein, dass ein wässeriger Aufguss beziehungsweise ein Auflegen junger Blätter wirksam gegen Geschwülste (Tumore?), bei geschwüriger Haut" oder "hitzigen Schäden" wäre. In neuerer Zeit wird u.a. Tee und Lösungen aus der Rinde für die äußerliche

Anwendung bei Haut- und Schleimhautentzündungen
(wie Angina, Pharyngitis und Mundaphten) empfohlen.
Die medizinische Wirksamkeit kommt nachweislich von
dem Gehalt an Gerbstoffen, Flavonoiden (das sind Pflan-
zenfarbstoffe, die antioxidativ = krebsvorbeugend wirken)
und Beta Sistosterinen. Diese beeinflussen den Cholesterin-
Fettstoffwechsel und den Testosteronspiegel, was eine Bedeutung für das altersbedingte Prostatawachstum hat.
Über die medizinische Anwendungsmöglichkeiten gibt es
aber kaum bemerkenswerte Studien.

Wenn auch den Erlen schon vom Altertum bis in die Gegenwart relativ wenig Aufmerksamkeit geschenkt wurde,
oder gerade deshalb, wurde 2003 die Schwarzerle zum
Baum des Jahres in Deutschland gekürt. Vielleicht trägt das
dazu bei, dass einmal ein "Märchenprinz" (oder Pharmako-
loge) kommt, und diese Baumart aus ihrem "Dornröschenschlaf" erweckt; die schlummernden Potentiale entdeckt
und uns allen nutzbar macht.

Die Ulmen

Ulmen sind meist hochwachsende Bäume der Gattung *Ulmus*, die eine eigene Familie bilden - *Ulmaceae*. In Europa bis zum Kaukasus, Türkei, Syrien, Zypern und zu Libyen sind an sich nur drei Arten heimisch. Die Bergulme - *U. glabra*, früher auch *U. montana* genannt (*glabra* = glatt, bezüglich der Blätter), die Feldulme - *U. minor*, besser bekannt als *U. campestris* (sie hat wohl die kleinsten Blätter), und die Flatterulme - *U. effusa* (lat.: *effundere* = ausbreiten, von breitkronig), früher auch als *U. laevis* bezeichnet.

Man fragt sich, warum wohl die zahlreichen Umbenennungen? Natürlich gibt es in Asien und Nordamerika noch mindestens 20 weitere Arten dieser Gattung. Inzwischen werden zahlreiche resistente Neuzüchtungen unter *U. cultivar* von Baumschulen angeboten. Das war und ist auch notwendig, weil eine um 1920 aus Ostasien eingeschleppte Pilzkrankheit, die vom Ulmensplintkäfer übertragen wird, in unseren Breiten die ohnehin nicht so massenhaften Ulmenbestände weitgehend vernichtet hat. Trotzdem, oder gerade deswegen, war die Ulme 2006 in Österreich zum Baum des Jahres gekürt worden.

Wie in Fossilienfunden nachgewiesen, gab es im Tertiär - vor ca. 10 Millionen Jahren - in unseren Breiten bereits Ulmen. In der Antike, in Griechenland, waren Ulmen Symbol des Todes, der Trauer. Ganz gegensätzlich ist in den USA die Ulme ein Symbol der Freiheit.

In der Volksheilkunde wurde Ulmenrinde zur Behandlung von Gicht und Wassersucht eingesetzt.

Kommen wir zum Holz. Hier wird als Benennung kaum die Bezeichnung Ulme verwendet, stattdessen heißt es durchweg "Rüster". Verwendet wurde hauptsächlich Holz von der Bergulme als Furnier für Möbel, Parkett und Täfelungen. Die Härte ist nur mittelmäßig, dafür ist Rüsternholz sehr zäh, stoß- und druckfest und hat von allen Hölzern bei der Trocknung das geringste Schwindmaß.

Stellmacher verwendeten Rüsternholz vorzugsweise für die Herstellung von Rädern und Speichen. Auch Büchsenmacher nahmen dieses Holz für Gewehrschäfte, noch früher machte man auch Langbögen aus diesem Holz.

In diesem Sinn hat möglicherweise die Bezeichnung "Rüster" ihren Ursprung in Rüstung, denn althochdeutsch bedeutet "rüsten", Rust = "Waffen, Bewaffnung".

Abschließend eine persönliche Erfahrung: Nahe meiner damaligen Wohnung mit Ofenheizung hatte ein Sturm eine absterbende Ulme umgeworfen. Mit der Motorsäge konnte ich den Stamm in ofengerechte Scheiben schneiden, die ich heimwärts gerollt habe. Dann kam das Zerlegen in Scheite. Wie üblich schlug ich erst einen Keil hinein, um die Scheibe zu halbieren, dann den zweiten und dritten Keil. Aber keine Spaltung! Nur die Keile steckten bombenfest im Holz. Schließlich gelang die Zerlegung, indem ich die Keile nicht quer, sondern parallel zu den Jahresringen einschlug.

Würde ich wieder zu Rüsternholz kommen, würde ich es
an einen Lieblingsfeind verschenken!

Die Rosskastanie

Dieser stolze Baum mit den weißen Blütenkerzen (bei genauerem Hinsehen bemerkt man die interessante Buntheit der Einzelblüten) erfreuet uns im Frühjahr allenthalben.

Im Herbst haben Kinder Freude an den kastanienbraunen Früchten, mit denen man so schön basteln kann. Weniger glücklich sind Grundstücksbesitzer, die die Kastanien, ihre stacheligen Schalen und das meist zu früh gefallene Laub von Verkehrsflächen beseitigen müssen.

Der botanische Name ist "*Aesculus hippocastanum*". Diese Gattung gehört zur Familie der Seifenbaumpflanzen "*Sapindaceae*". Früher war es eine eigene Familie namens "*Hyppocastanaceae*". Die exotische Litchipflaume gehört zur gleichen Familie.

Beheimatet ist die Rosskastanie in Europa vom Kaukasus bis nach Frankreich und Irland. Außer der weißen Kastanie wird in Parkanlagen meist auch die gelbblühende *Aesc. flava* (ehemals *octandra*) und die rot blühende *Aesc. x carnea* angetroffen, welches eine Hybride von *Aesc. hippocastanum* und *Aesc. pavia* ist. Die Kastanien dieser amerikanischen Arten sind für Wiederkäuer giftig. Manche Indianerstämme zerquetschten diese und gaben den Brei in ruhende Gewässer um die Fische zu betäuben, oder auch zu töten. Ebenfalls in den USA beheimatet ist die hierzulande eher selten anzutreffende Strauchkastanie - *Aesc. parviflora*, die weit ausgebreitete, aber nicht hohe Sträucher entwickeln kann, aber erst im Juli bis August ihre etwas an eine Flaschenbürste erinnernden Blüten hervorbringt.

Zurück zur Rosskastanie. Die Früchte enthalten neben Stärke und Fetten auch Saponine, wie Aescin, Glycoside wie Aesculin und andere Alcaloide und sind darum für Menschen schwach giftig. Hirsche und andere Säugetiere können in ihrem Verdauungstrakt diese Gifte neutralisieren. Darum sind Kastanien oft gebraucht für Wildfütterungen und als Pferdefutter. Die Osmanen nahmen Kastanien auf ihren Kriegszügen als Futter für ihre Pferde mit und haben so zur Verbreitung dieser Baumart beigetragen.

Die Militärs beider Weltkriege interessierten sich auch für die Kastanien, weil man aus ihnen Aceton mit Hilfe des Bakteriums Clostridium acetobutylicum herstellen kann, was zur Erzeugung des Sprengstoffes Kordit gebraucht wird.

Man verwendet aber auch Kastanien in der Kosmetikindustrie, als Bestandteil von Seifenpulver oder zur Alkoholerzeugung. Früher nahm man auch Früchte und Blätter zum Färben von Wolle. Für die medizinische Verwendung wird aus Samen, Borke und Blättern Aescin extrahiert, welches eine antikoagulierende und entzündungshemmende Wirkung hat (und Anwendung bei Magen- und Zwölffingerdarmgeschwüren, Gebärmutterblutungen, Krampfadern und Hämorrhoiden findet). Zudem haben Kastanienpräparate zur Behandlung von Beinvenenerkrankungen fast keine Neben- und Wechselwirkungen!

Das Holz unserer Kastanienbäume hat nur eine relativ geringe wirtschaftliche Bedeutung, weil es ziemlich weich und spröde ist, und leicht in Fäulnis übergeht. Zum Teil macht man aus Kastanienholz Furniere und Verpackungen. So richtig ein Modebaum wurden Rosskastanien ab der Spätrenaissance, nachdem sie 1576 erstmals in Wien (Prater) in größerem Umfang angepflanzt worden sind. Später waren sie in fürstlichen Parks und Alleen, Volksparks und städtischen Grünanlagen weit verbreitet.

Krankheiten und Schädlinge machen auch den Kastanien "das Leben schwer". Seit den 50er Jahren ist es die Blattbräune, eine Pilzinfektion die zum vorzeitigen Blattfall, schon im Juli bis August, führt. Seit 1984 breitet sich vom Balkan kommend die Rosskastanien-Miniermotte in ganz Europa aus. Beide stören erheblich das Wachstum und können zum Absterben führen. Einige andere Krankheiten und Schädlinge sind hauptsächlich Folgeschäden und von nur untergeordneter Bedeutung.

Besonders "geehrt" wurden unsere Kastanien nicht zuletzt auch, weil sie sehr früh, vor den Obstbäumen blühend, wichtiges Bienenfutter sind, indem sie 2005 zum Baum des Jahres gekürt worden sind. Und wir freuen uns immer wieder auf den zeitigen Austrieb, an den prächtigen Blütenkerzen und an den Kindheitserinnerungen weckenden herbstlichen Kastanienfrüchten.

Edelkastanien (Maronen)

Botanisch *Castanea sativa*, auch *C. vesca* genannt. Wobei "*sativa*" vom lateinischen Wort "*satus*"=Saat, angebaut, kultiviert, abgeleitet ist. "*Vesca*" kommt auch aus dem Lateinischen "*vescus*" = essbar, genießbar.
Sie gehören zur Familie der Buchengewächse - *Fagaceae*.
Mit etwas Fantasie besteht eine Ähnlichkeit zwischen der stacheligen Fruchthülle, die die Bucheckern enthält und den auch reif noch grünen Igelkugeln, in denen eine oder mehrere Maronen herangewachsen sind. Von den 12 Kastanienarten der nördlichen gemäßigten Zone ist unsere Edelkastanie der einzige heimische Vertreter, dessen Ursprung vermutlich in Anatolien bis zum Kaukasus zu finden ist. Die Hauptverbreitung dieser Baumart liegt in den Mittelmeerländern. In Mitteleuropa gedeiht und fruchtet sie nur wirklich, wo auch Weinklima herrscht. Weiter nördlich finden wir Edelkastanien meist nur noch in Parkanlagen, wo aber die Früchte oft nicht richtig reifen. Wegen der wertvollen und z.B. geröstet sehr schmackhaften Früchte wurden sie schon ab dem 9. - 7. Jahrhundert vor der Zeitrechnung verbreitet angebaut.
In der griechischen Antike wurde schwarzes Brot und Suppen aus diesen Kastanien hergestellt. Vom 11.-13. Jahrhundert bis Ende des 19. Jahrhundert waren sie speziell in den Bergregionen Südeuropas ein Hauptnahrungsmittel der Landbevölkerung.

Wir schätzen heutzutage, besonders in der kalten Jahreszeit, die gerösteten "Maroni" als kleinen, leckeren Imbiss.
Und entsprechend verarbeitet, z.B. als "Kastanienreis" mit Schlagsahne ist es eine wahre Gaumenfreude (gibt es fast nur in Ungarn und angrenzenden Gebieten!). Ernährungsphysiologisch sind die Edelkastanien recht wertvoll, wenn wir die Liste der Inhaltsstoffe (frische Früchte pro 100 Gramm) betrachten:
Stärke 23-27%, Zucker 3,6-5,8%, Fette 1,0-2,2%, Vitamin A12 12 mg, C 6-23 mg, B1, B2, Nicain, Kalium 400-700 mg, Magnesium 30-60 mg, Calcium 20-40mg, sowie Phosphor und Schwefel.
Außerdem sind verschiedene Proteine, Gerbstoffe, Flavonoide und Histidine in den Kastanien. Weltweit werden im Jahr 151 000 Tonnen geerntet (2006). Wobei in Ostasien und Portugal vorwiegend die chinesische Art, *Castanea mollissima* (*mollis*=weich) und die japanische, *Castanea crenata* (=gekerbt) und verschiedene Hybriden angebaut werden. Diese Arten sind aber frostanfälliger als unsere *C. sativa*.
Zurück zu den Bäumen.
Edelkastanienbäume sind hochwachsend und werden bis zu 2000 Jahre alt. Das goldbraune Holz ist von mittlerer Härte und sehr witterungs- und fäulnisresistent, auch ohne Behandlung. Man verwendet es für Weinfässer, Möbel, Fenster- und Türrahmen, Gartenzäune, Eisenbahnschwel-

len, sogar auch als Telegrafenmasten und Lawinenverbauung.

In der Heilkunde sind Kastanien und ihre Produkte weniger gebräuchlich, obwohl sie gegen Durchfall, Husten und Rheuma durchaus wirksam sind. Ein Sud von Blättern wirkt antibakteriell, interessant zur Wundbehandlung.

Auch die Edelkastanien sind nicht unverwundbar. Um 1938 wurde aus Amerika eine Pilzkrankheit eingeschleppt, die den Kastanienrindenkrebs verursacht. Diese Pilzkrankheit hat in Europa große Teile der Bestände vernichtet. Durch die gezielte Verbreitung von hypervirulenten Stämmen ist der Edelkastanienbestand nicht mehr bedroht und beginnt, sich in vielen Gebieten zu erholen. Auf sehr feuchten Standorten greift ein Pilz die Wurzeln an und löst die Tintenkrankheit aus, die zur Blattwelke, Ernteausfall und letztlich zum Absterben führt.

Einige andere Pilze, der Kastanienmosaikvirus und einige tierische Schädlinge treten gelegentlich auf, sind aber nicht von größerer Bedeutung.

Eine Besonderheit soll nicht unerwähnt bleiben: Die meisten Verwandten, wie Buchen, Eichen, Birken oder Haselarten sind Windbestäuber, brauchen also keine Bienen oder andere Insekten usw. zur Übertragung der Blütenpollen.

Die Edelkastanien brauchen die Bienen und geben dafür einen sehr aromatischen Nektar her, der von den fleißigen Helfern zu einem besonders delikaten Honig verarbeitet wird. Es gibt also außer den Früchten und dem Honig mehrere Gründe, der Edelkastanie als Baum auch in nördlicheren Bereichen Europas mehr Aufmerksamkeit zu schenken.

Akazien - Robinien - Mimosen

In unserem Sprachgebrauch ist es üblich von Akazien zu sprechen, gemeint sind aber Robinien, auch Scheinakazie genannt, mit dem botanischen Namen *Robinia pseudoacacia*. Sie gehören zur Familie der Hülsenfrüchte *Fabaceae*, früher auch *Leguminosae*. In dieser Familie haben wir zahlreiche alte Bekannte wie die namensgebende Saubohne - *Vicia faba*, Erbsen, Bohnen, Linsen, Wicken, den giftigen Goldregen (*Laburnum*), oder den anmutigen Blauregen (*Wisteria*, oft auch als *Glycine* bezeichnet, welches aber der botanische Name der Sojabohne ist). Überraschend für so manchen Leser gehört auch die Erdnuss - *Arachis hypogaea* zu den Hülsenfrüchten. Es gibt zahlreiche nützliche, ernährungsphysiologisch wertvolle Hülsenfrüchte, aber auch recht giftige Vertreter wie der Gold- und Blauregen. Am gefährlichsten ist wohl die in Florida beheimatete "Paternoster-Erbse" - *Abrus precatorius* - deren glänzende halbrot, halb schwarzen Samen, man nicht essen sollte, die man aber als Perlen in Rosenkränzen verwendete, was wohl zum Artnamen "*precatorius*" - auf Deutsch "fürbittend" führte.
Argwöhnisch werden gelegentlich auch unsere "grünen Bohnen", Busch - oder Stangenbohnen - *Phaseolus vulgaris* – betrachtet (übrigens eine alte Kulturpflanze Südamerikas), denn der Verzehr von rohen Bohnen soll schädlich sein. Gekocht schmecken sie eh am Besten!

Zurück zu den Robinien: Die Urheimat liegt in den USA, sie werden aber weltweit kultiviert, besonders in Südosteuropa. Nach Eukalyptus und Pappelarten ist es die häufigste kultivierte Baumart, vordergründig mit dem Ziel der Bodenverbesserung z.B. bei der Haldenbegrünung, Rekultivierung von Tagebau(wüsten)flächen und Aufforstung ärmster Sandböden.

Wie die meisten Vertreter der Familie der Hülsenfrüchte sind Robinien in der Lage, mit Hilfe der "Knöllchenbakterien" Luftstickstoff organisch zu binden. Durch die Symbiose zwischen Pflanze und Bakterium sind sie gewissermaßen selbstdüngend. Hinzu kommt ihre Trockenresistenz. Allerdings sind Robinien invasive Neophyten, wenn man sie hat, wird man sie nur schwer wieder los, sie sind durch starken Stockausschlag und Wurzelbrut nahezu unkaputtbar.

Selbst nach Rodung kommen sie aus Wurzelresten immer wieder. Wirksam ist nur eine Ringelung = nahe am Boden rundum einen Streifen Rinde bis aufs Holz abschälen, so wird das Wurzelsystem "ausgehungert".

Das Holz der Robinien liegt mit einer Brinellhärte von 48 N/mm² noch über der Eiche. Es ist elastisch, gut biegbar und gut fäulnisresistent. Wegen des hohen Säuregehaltes sollte man bei der Verwendung dieser Holzart nur rostbeständiges Material, Schrauben etc. verwenden. (Nägel kriegt man ohnehin kaum hinein!).

Bei dem Umgang mit Robinenholz ist Vorsicht angebracht, weil alle Pflanzenteile, besonders die Borke, toxische Eiweiße, Robin und Phasin enthalten, wie auch Flavonoide, die Allergien auslösen können (Ekzeme, Dermatitis). Ernsthafte Vergiftungsfälle wurden durch Kauen von Samen beobachtet.

Trotz der ausgezeichneten technischen Eigenschaften stehen für eine industrielle Verwertung keine größeren Mengen Robinienholz zur Verfügung, wegen der meist schlechten Stammform, geringen Durchmesser und Längen. Das kann sich nur durch gezielte Selektion geradeschäftiger Typen ändern.

Homöopathisch haben sich Globuli - Potenz C5 - bei Verdauungsstörungen (Dyspepsie), Sodbrennen und Magenübersäuerung bewährt. Die Urtinktur für homöopathische Präparate wird aus frischer Rinde gewonnen.

Imker schätzen die Robinien wegen dem reichhaltigen Nektarangebot der Blüten. Bienen machen daraus den beliebten Akazienhonig der nur sehr langsam kristallisiert. In Brandenburg sind bis zu 60% der Honigernte Akazienhonig.

Apropos Akazien, betrachten wir doch mal diese Gehölzgattung. Es sind ca. 950 Arten bekannt, die im Wesentlichen in Australien vorkommen.

Aufgrund der Vielfalt und Unübersichtlichkeit ist seit 2005 eine Neuordnung der Namen gültig. bis dahin zählte die Gattung *Acacia* zu den *Leguminosen*.

Jetzt ist der Familienname *Mimosoideae* gültig, der wie auch die Familie *Fabaceae* zur Ordnung *Fabales* gehört.

Aus der Vielzahl der Acaciaarten kennen viele von uns die vorwiegend an der nördlichen Mittelmeerküste angepflanzten "Mimosen"-Bäume und Sträucher mit ihrer zartgelben Blütenfülle im zeitigen Frühjahr. Es handelt sich hier nicht um Mimosen, sondern um die australischen Akazienarten A. *dealbata, baileyana* oder *podalyriifolia* mit den feinstrahligen gelben Blütenbällchen, auch falsche Mimosen genannt. Als Edelholzlieferanten sind u.A. die *Acacia homalophylla* = Australisches Veilchenholz, oder A.*melanoxylon* (liefert das australische Schwarzholz) zu nennen. Gummi arabicum gewinnt man von den afrikanischen Arten *Acacia senegal* und A. *seyal*. - eine besondere Symbioseform finden wir bei der mexikanischen Ameisenakazie A. *sphaerocephala*.

Zuletzt noch einige Worte zu den Familiennamengebenden wirklichen Mimosen. Bekannt ist die Sinnpflanze *Mimosa pudica*, ein zarter tropischer Halbstrauch mit fein gefiederten Blättern, die sich bei Berührung zusammenfalten und absenken. Die Blüten sind ähnlich der gelben Akazienblüten nur etwas größer und meistens rosa. Einige "Geschwisterarten" dieser Sinnpflanze sind in tropischen und subtropischen Gebieten invasive Neophyten, die sich auf Weideflächen ausbreiten, aber vom Nutzvieh nicht gefressen werden. Die Heimat aller wirklichen Mimosenarten ist das tropische Südamerika.

Schon verwirrend, dass die Namen der Mimosen, Akazien und Robinien im einfachen Sprachgebrauch selten der richtigen Pflanzengruppe zugeordnet werden. Nun sollte einiges klarer sein.

Die Magnolien und einige ihrer Verwandten

Im zeitigen Frühjahr, meist im April, noch vor dem Laubaustrieb erfreuen uns mit vielen großen tulpenähnlichen Blüten in weiß, manche auch in mehr oder weniger intensiv violett, die Magnolien. Leider gibt es in dieser Blütezeit nicht selten noch Frostnächte, was die zarten Blüten gar nicht vertragen.

Fälschlicherweise werden diese meist nicht großen Blütenbäume häufig auch „Tulpenbäume" genannt. Tulpenbäume gibt es wirklich, sie sind aber etwas Anderes, wenn auch verwandt. Unsere Magnolien *Magnolia x soulangeana* sind durchweg Hybriden (darum das "x" vor dem Artennamen) und werden in mehreren Sorten angeboten, manchmal auch als Lilien - oder Prachtmagnolien. Die Hybrideltern stammen aus Ostasien - meist China - und sind entwicklungsgeschichtlich eine sehr alte bedecktsamige Artengruppe, die es schon in der Kreidezeit gab.

In den Mittelmeerländern sind sicher schon viele Touristen der immergrünen großblütigen *Magnolia grandiflora* begegnet, die vom Frühjahr bis in den Sommer hinein ihre prächtigen weißen Blüten entfalten. Auffällig sind die länglichen, großen, oberseits glänzenden ledrigen Blätter, die mitunter Floristen bei der Kranzbinderei auf Strohunterlagen heften. Diese, auch eher kleinwüchsigen Bäume stammen aus dem Südosten der USA, sind aber leider nicht ausreichend winterfest für unsere Breiten.

Gut winterfest ist ein anderer "Amerikaner", die Gurkenmagnolie, *Magnolia acuminata*. Die Blüten sind wohl weniger attraktiv, aber in Parkanlagen wächst diese Magnolienart zu recht ansehnlichen breitkronigen Bäumen heran. Ihren Namen hat sie wegen den aufrecht stehenden gurkenähnlichen Sammelfrüchten bekommen.

In Hausgärten ist die Sternmagnolie als größerer Strauch oder kleiner Baum ein beliebter weißblühender Gast. Die Blüten sind etwas kleiner mit zahlreichen schmalen Kronenblättern, die sich sternförmig öffnen und meist in üppiger Menge. Botanisch sind es die aus Japan stammenden *Magnolia kobus* und *M. stellata*. Auch hier können Spätfröste die oft schon im März sich entfaltende Blütenpracht kaputt machen.

Zu bemerken wäre noch, dass Magnolien in Nordkorea ein Nationalsymbol sind, und der USA Bundesstatt Mississippi auch als Magnolienstaat bezeichnet wird.

Interessant ist weiterhin ein ausgesprochener Exot unter den mehr als 30 Magnolienarten nebst vielen Kultursorten, die *Michelia champaca*, beheimatet in Vorder- und Hinterindien. Nach aktualisierter Nomenklatur ist sie der Art *Magnolia* zugeordnet. Aus den stark duftenden Blüten wird das Campacaöl gewonnen, als wertvolle Ingrediens in der Parfümerie.

Der eingangs erwähnte Tulpenbaum *Liriodendron tulipifera* gehört zur Familie der Magnoliengewächse. Er stammt aus dem südlichen Nordamerika, wo es eine wirtschaftlich bedeutsame Holzart ist. Diese Bäume werden 30 Meter und darüber hoch und haben geradeschäftige Stämme, die bis über 10 Meter praktisch astfrei sein können. Darum und wohl auch, weil diese Art höhere Ansprüche an die Bodenqualität stellt, werden sie als die Aristokraten unter den Bäumen des amerikanischen Ostens bezeichnet. Tulpenbäume werden bis 300 Jahre alt und erreichen Stammdurchmesser bis zwei Meter. Das Holz ist etwas stabiler als Pappelholz. Das Kernholz ist gelbgrün bis braun, je nach Standort. Verwendet wird es als Schälholz, Model- und Möbelholz, und auch für Musikinstrumente. Wegen der attraktiven Optik nimmt man es auch gern für Vertäfelungen in Luxusjachten.

Nochmal zum Baum: Die Blätter sind sehr markant, weil sie fast wie ein Ahornblatt aussehen, dem man die Spitze abgeschnitten hat. Die fast wie Tulpen geformten Blüten sind grüngelb und innen teilweise orangefarbig, sie entfalten sich erst im Mai bis Juni und sind darum zwischen dem Laub nur wenig auffallend. In den USA wird bei größeren Beständen durch die Bienen ein nennenswerter Tulpenbaumhonigertrag eingebracht.

Wenn diese Baumart auch noch eine schöne Herbstfärbung hat, ist sie trotzdem in Hausgärten fehl am Platz, aber sie passt gut als Solitär in Parkanlagen.

Eine zusätzliche, nur wenig weiter entfernte Verwandte, ist der tropische bis subtropische Rahmapfel, in Handel Cherimoya (=spanisch), oder Annona (=portugiesisch) genannt. Der botanische Name ist *Annona cherimola* mit eigener Familie *Annonaceae*, mit nur wenigen Gattungen, die zu exotischen Gewürzen und essbaren Früchten gehören. Die Heimat ist Equador bis Peru im tropischen bis subtropischen Bereich. Seit dem 18. Jahrhundert wird diese Obstbaumart in Spanien (=Andalusien), allerdings nur in bescheidenem Umfang, angebaut, wohl weil die Vermarktung etwas schwierig ist. Die auch im Reifezustand grünen Früchte werden 250 Gramm, auch bis 2 kg schwer, und sehen so aus, als wären sie mit einem Schnitzmesser bearbeitet worden. Das Problem ist, dass diese Früchte mit cremeweißen Fleisch und zahlreichen 1 cm großen schwarzen Kernen eine relativ dünne Schale haben und somit druckempfindlich sind. Selbst noch fest geerntete Früchte reifen innerhalb weniger Tage nach und werden weich. Der Geschmack ist eine Mischung von Erdbeeren, Birnen und Mango. Gegessen werden Sie durch auslöffeln aus der Schale. Manche Supermärkte bieten diese Tropenfrüchte zeitweilig an. Cheremoya sind kalorienarm, per 100 Gramm nur 75 kcal, haben 13 Gramm Zucker und wertvolle Mineralstoffe wie Kalium, Magnesium und Calcium, sowie die Vitamie A, C und B6. Meine Empfehlung - Augen auf und probieren!

Zu dem weiteren Verwandtenkreis gehören unter anderem Gewürzsträuchergewächse, Lorbeer- Muskat - Sternanis - und Kaneelbaumgewächse. Also viele Bekannte, die wir in Küchen und Backstuben finden. Etliche davon sind auch medizinisch interessant, wie zum Beispiel Zimt von den Kaneelbaumarten. Zimt wirkt antibakteriell, antipilzlich, entzündungshemmend und bei Diabetes soll er die Gehirnaktivität stimulieren.

Insgesamt sind Magnolien und all ihre Verwandten also nicht nur im Frühjahr, sondern 12 Monate im Jahr eine Bereicherung unseres Lebens.

Die Walnüsse

Seit ca. 9000 Jahren sind Walnüsse in der nördlichen gemäßigten Zone - nicht in Afrika, Australien oder Südamerika - begehrt als wohlschmeckender und gut zu transportierender, wie lagerfähiger Energiespender.
Die Urform auch unserer "königlichen" Walnuss hatte nur 2 cm große Früchte. Durch Auslese immer wieder der besten Nüsse sind die heute gebräuchlichen Sorten mit bis 5 cm großen Früchten mit dünner Schale und leichter Auslösbarkeit entstanden. Die wirklich guten Sorten müssen auf einfache Sämlinge per Pfropfung veredelt werden. Der Preis für diese "Supernüsse" ist ihre relative Kurzlebigkeit von meist nur 50 Jahren gegenüber der 150-200 Jahre die einfache Sämlinge überdauern.
Kommen wir zur Botanik.
Unsere Walnüsse nennt man *Juglans regia*, auch namensgebend für die recht kleine Familie "*Juglandaceae*".
Zur Gattung *Juglans* gehören 2 Ostasiaten, die japanische Walnuss - *J. ailantifolia*, und die *J. mandshurica*.
In Nordamerika sind die schwarze Walnuss - *J. nigra*, die Graue, *J. cinerea* und die Kalifornische - *J. hindsii* beheimatet. In Gebirgslagen Südamerikas wächst noch die *J. neotropica*. Der Name "*Juglans*" ist aus der römischen Bezeichnung "Jovis glans" entstanden, die Griechen sagten "Dios balanos", übersetzt "Eichel Jupiters" bzw. "Eichel Got-

tes". Die Walnüsse waren schließlich auch Symbol der Fruchtbarkeit.

Zur Familie gehören die Hickorynuß *"Carya ovata"* aus Nordamerika. Die Nüsse sind auch essbar, interessanter ist aber das sehr feste und doch elastische Holz für Sportgeräte und hochwertige Werkzeugstiele.

Schließlich noch die Flügelnuss *Pterocarya fraxinifolia* (Kaukasus) und ihre ostasiatischen Verwandten *"Pt. rhoifolia"* u. *stenoptera"*.

Angebaut und wirtschaftlich genutzt wird hauptsächlich die *Juglans regia,* meist in Sorten auch Hybriden. Allein in Kalifornien stehen auf 80 000 Hektar Walnussbäume. Hauptexporteure sind die USA, gefolgt von China, Frankreich, Mexiko und Chile.

Pro Hektar werden 3 bis 3,5 Tonnen geerntet. 2014 lag die Weltproduktion bei ca. 3,5 Millionen Tonnen.

Die Urheimat der Walnuss dürfte Persien sein. Von dort wurde die über Zentralasien und dem altgriechisch-römischen Kulturkreis schließlich im frühen Mittelalter aus italien auch nach Österreich und Deutschland verbreitet.

Wirklich dauerhaft und weitgehend ertragsicher gedeihen Walnüsse nur in guten Weinbau-Lagen. So ist es kein Wunder, dass im europäischen Raum Frankreich den größten Bestand hat. In Deutschland ist es Baden-Württemberg, besonders beim Kaiserstuhl.

Die Blüten, getrenntgeschlechtlich, einhäusig und windbestäubend erscheinen noch vor den Blättern von April bis

Mai. Demzufolge gibt es in nördlichen Grenzlagen relativ häufig totalen Ertragsausfall durch Spätfröste, begünstigt durch immer häufiger werdende viel zu milde Winter (2017 sogar in der Steiermark).

Trotzdem ist der Nussbaum auf dem Bauernhof am Wohnhaus beliebt. Wegen dem späten Blattaustrieb macht er in der Zeit, wo wir noch Sonne suchen kaum Schatten, den wir im Sommer eher schätzen. Im Herbst lässt er wegen dem frühen Laubfall uns die Sonne eines "Goldenen Herbstes (Oktober)" gut genießen. Das aromatisch duftende Laub soll auch Fliegen fernhalten. Ein paar Worte zur Pflege, wie eventuell notwendigem Rückschnitt. Schneiden wir im zeitigen Frühjahr, kommt es zu starkem lange anhaltenden Saftfluss - kann bis zum "verbluten" führen: Günstiger ist da der Spätsommer, weil in dieser Zeit eine schnellere Wundheilung erfolgt.

Nussbaumholz ist eines der edelsten und begehrtesten Hölzer wegen der graubraunen Farbe und wolkenartigen Struktur für Furniere, Möbel, Drechslerarbeiten, Schachfiguren, Instrumente und Gewehrschäfte. Eine forstwirtschaftliche Nutzung der *Juglans regia* ist nicht sehr ergiebig - bisher - (wenig geradeschäftige voll-runde Stämme, langsames Wachstum). Für diese Nutzung gibt es schon geradewüchsige Selektionen und Hybriden von *Juglans regia* mit *J. nigra*, Bezeichnung: *Juglans x intermedia*. Diese Hybriden haben außerdem eine bessere Frosthärte und Resistenz gegen das Schwarznusssterben. Seit den 80er Jahren macht

die Walnussfruchtfliege zunehmend erheblichen Schaden.
In feuchten Jahren kann der Blattfleckenpilz zu erheblichen
Ernteausfällen führen.

Unter Nussbäumen wird durch Auswaschung-Abspülung-
von Zimtsäure das Wachstum zahlreicher konkurrierender
Pflanzenarten unterdrückt. Das abgefallene Laub ist gerb-
stoffreich und verrottet demzufolge relativ langsam.

Medizinisch wurden schon in der Antike Teile von Nussbäumen genutzt. So beschreibt Dioscurides ein Gegenmit-
tel für Pfeilgifte aus Walnüssen, Feigen und Raute. In der
Volksmedizin wurden Aufgüsse von Blättern gegen Gicht
und Hautleiden empfohlen.

Neben Zimtsäure und Gerbstoffen enthalten die Blätter
auch Öl, Juglon, Gallussäure und Vitamin A und C.

In unserer Zeit bestätigt man eine entgiftende Wirkung auf
Pestizide, Vergiftungen durch Pilze und verschiedene
Kräuter. Ebenso die Wirkung gegen Darmparasiten und
mehrere pathogene Keime. Insgesamt wirkend als entzündungshemmend, schmerzlindernd, Juckreiz mindernd,
auch radikalfangend.

Aus unreifen (noch nicht verholzten Schalen) Früchten,
angesetzt mit hochprozentigen Alkohol, kann man im Üb-
rigen den recht interessanten dunklen Nusslikör für den
Genuss und die Medizin herstellen.

Wir schätzen die Walnussbäume - er war 2008 Baum des
Jahres - weil sie uns wundervolle Nüsse und noch manch
Anderes, oft weniger Bekanntes, geben können.

Die Kirschen

Wir kennen Süßkirschen, Sauerkirschen, Zierkirschen, auch Zwischenstufen in zahllosen Varianten. Sie alle gehören zur Pflanzengattung *Prunus* von der Familie der Rosengewächse - *Rosaceae* - wie fast alle angebauten Obstarten der gemäßigten Klimazone. Diese Obstarten kann man wiederum in zwei große Gruppen einteilen, Kernobst und Steinobst.

Zum Kernobst gehören unsere Äpfel, Birnen, Quitten, Mispeln usw. Sie bilden keine Steinfrucht aus, die Samenkerne befinden sich im Fruchtinneren, entweder in einem Kerngehäuse (Äpfel), oder direkt eingebettet im Fruchtfleisch (Birnen), bei manchen Sorten gibt es mehr oder weniger viele rudimentäre Steinzellen in der Umgebung der Samenkerne.

Zum Steinobst gehören außer Kirschen auch Pflaumen, Aprikosen, Pfirsiche, Nektarinen und Mandeln, die allen den gemeinsamen Gattungsnamen "*Prunus*" nach dem von den Römern übernommenen griechischen Namen *Prunum* für Pflaume tragen.

Gemeinsames Merkmal ist ein meist weiches, saftiges, essbares Fruchtfleisch in allen Abstufungen zwischen süß und sauer, das einen harten Kern - die Steinfrucht - umschließt. Die harte Schale der Steinfrucht umhüllt den eigentlichen Samenkern, wie z.B. die Mandel. Diese Samenkerne vieler Arten schmecken bitter, weil sie das cyanogene Glykosid

Amygdalin enthalten. Enzyme spalten das Amygdalin auf in Bittermandelöl und Blausäure (chem.: HCN) das ein hochgiftiges, tödliches Gas ist. Interessanterweise ist Blausäure in den aus Steinobstkernen realisierbaren, niedrigen Konzentrationen völlig ungefährlich und harmlos, zumal es nicht wie viele Pestizide im menschlichen Körper kumulativ gespeichert wird.

Beginnen wir mit den Süßkirschen - *Prunus avium*.

Lateinisch bedeutet *avis* "Vogel", also im übertragenen Sinn: von Vögeln gern gefressen (wer kennt nicht das Problem, dass die Vögel mit dem Abernten schneller waren, als wir Menschen, besonders wenn es um die ersten reifen Früchte einzeln stehender Bäume ging).

Die Heimat der Vogelkirschen und ihrer edleren Nachkommen lag rund um das Schwarze Meer - von Südosteuropa bis Kleinasien. Im Jahr 74 vor Christi brachte der römische Feldherr Lucullus aus der Hafenstadt Kerasus (heute Giresun in der nordöstlichen Türkei) erste edlere Pflanzen mit nach Südeuropa. Von Kerasus ist das lateinische Wort *cerasus* abzuleiten, was die Botaniker allerdings für Sauerkirschen verwenden. Bezeichnend ist, dass Lucullus nicht nur römischer Feldherr, sondern auch ein ausgesprochen genussfreudiger Mensch war, der die wohlschmeckenderen Süßkirschen in den europäischen Kulturkreis einführte. In der Eisenzeit begann in Mitteleuropa die Entwicklung von Kulturformen zu immer besseren Früchten. Heute haben wir ein umfangreiches Sortiment.

Fast alle Sorten sind selbststeril, weil polyploid- bis hexaploid, brauchen also geeignete Sorten in der Nachbarschaft als Pollenspender.

Die Früchte werden hauptsächlich unverarbeitet, also roh gegessen. Gelagert reifen Kirschen nicht nach, sie werden nur schlecht.

Kaum irgendwo erhältlich sind getrocknete, sogenannte Kirschrosinen, schade!

Für Freunde von Hochprozentigem ist das Kirschwasser interessant. Die besten Qualitäten destilliert man, wenn als Basis Wildkirschen mit zerstampften Kernen verwendet werden. Man nimmt aber auch Früchte von Kultursorten.

Besser für die Gesundheit sind sicherlich die frischen Früchte. Kirschen haben wenig Kalorien, nur 60 kcal pro 100 Gramm. Sehr gesund sind die enthaltenen Vitamine wie C, Folsäure und Mineralstoffe, wenn auch nicht mit Spitzenwerten, aber doch wertvoll und nützlich.

In Europa werden 4/5 tel der Weltproduktion geerntet.

Nach Italien und Frankreich liegt Deutschland auf Platz 3.

Die Sauerkirschen - *Prunus cerasus* - kommen vermutlich, wie ihre süßen Schwestern, aus etwa der gleichen Gegend. Es gibt natürlich auch hier zahlreiche Sorten, die man in drei Gruppen unterteilt. Das sind die Amarellen (Glaskirschen), nicht sehr sauer, oft eher großfrüchtig wie z.B. die Sorte "Königin Hortense". Dann die Süßweichseln, Früchte etwas kleiner, die Kerne sind oft mit dem Stiel sehr fest verbunden.

Schließlich die Morellen. Früchte mittelgroß, dunkelrot und vom Geschmack echte Sauerkirschen.

Die meistangebaute Sorte ist die Schattenmorelle.

Baumschulen bieten darüber hinaus noch weitere 40 Sorten Sauerkirschen an. Vom gesundheitlichen Nutzen sind Sauerkirschen gegenüber ihren süßen Schwestern wertvoller! Sie enthalten die Vitamine A, B1, B2, C, E, Folsäure, Kalium und reichlich Anthocyane. Dieser Wirkstoffkomplex ist entzündungshemmend, senkt den Harnsäurewert im Blut (Gichttherapie) und Blutdruck, mildert Arthritis und ist hilfreich bei Fettleibigkeit.

Außer den Früchten ist auch der reiche Blütenflor im zeitigen Frühjahr vor allem für die Imker interessant. Bringt doch die Blütenfülle noch vor dem Raps die ersehnte erste nennenswerte Tracht, was neben dem Honigertrag für die Entwicklung der Bienenvölker von großer Bedeutung ist.

Gut ist für die Bienen, dass die verschiedenen Prunusarten nicht alle gleichzeitig blühen. Zuerst Schlehen, dann Pflaumen - Süßkirschen - Zierkirschen - Sauerkirschen, gefolgt von Birnen und Äpfeln.

Die Bienen vom Imker sind übrigens die wichtigsten Blütenstaubüberträger, denn Hummeln, so fleißig sie auch sind, Wildbienen und einige andere Insektenarten schaffen nicht so viel, wie für eine gute Obsternte notwendig ist.

Die Japaner feiern im Frühling das Hanami-Fest, das Kirschblütenfest. So ist es nicht verwunderlich, dass die meisten Zierkirschenzüchtungen, oft gefüllt, weiß oder rosa blühend, aus Japan kommen.

Schädlinge und Krankheiten befallen leider auch unsere Kirschbäume. Besonders Süßkirschen werden von der Kirschfruchtfliege heimgesucht, kaum Sauerkirschen, darum sind sie auch praktisch wurmfrei. Die Spitzendürre, verursacht vom Monilia-Pilz findet man fast nur an Sauerkirschen.

Kirschbaumholz ist am Markt ziemlich rar und teuer.

Verwendet wird es wegen der Dichte, rötlichen Färbung und schöner Maserung für sehr hochwertige Möbel, meist nur als Furnier, gern für Intarsienarbeiten.

Wir erfreuen uns jedes Jahr erneut an der Frühlingsblütenpracht und etwas später an den köstlichen Früchten, wenn sie bei uns reifen!

Unsere Äpfel

Äpfel sind nicht nur das beliebteste Obst in unseren Breiten in Europa, in Deutschland werden im Vergleich zu all unseren Nachbarn auch die meisten Äpfel verzehrt: pro Kopf bis zu 30 Kilogramm! Äpfel schmecken sehr gut, sind sehr wertvoll für eine gesunde Ernährung und wohl die ältesten, von Menschen kultivierten Nutzpflanzen.

In der Region Kasachstan hat man schon 10 000 Jahre vor Christi Apfelbäume angepflanzt. Als ursprüngliches Herkunftsgebiet wird auch Zentral- und Westasien angenommen. In der Antike wurden die schon domestizierten Apfelsorten von den Griechen und Römern nach Süd- und Osteuropa gebracht und verdrängten die bisher bekannten sauren und holzigen Äpfel. Bei den Griechen galten Äpfel als Aphrodisiakum. Bei den Kelten symbolisierten sie Tod und Wiedergeburt. Für die Germanen waren Äpfel Symbol für die Unsterblichkeit. Im "Heiligen Römischen Reich deutscher Nation" symbolisierte der Apfel die Weltkugel und wurde zum Reichsapfel. Zusammen mit dem Zepter diente er als Requisit bei Krönungszeremonien.

In den gemäßigten Zonen der Kontinente verbreitete sich diese Obstart, wo unzählige Sorten durch Kreuzungen und Selektion entstanden.

Weltweit schätzt man inzwischen den Bestand auf 20 000 Sorten. Allein in Deutschland sind ca. 1600 Apfelsorten bekannt.

Manche Sorten sind schon regelrechte Methusalems.

So gibt es die einst beliebte Goldparmäne schon seit dem Mittelalter, Kläräpfel kennt man seit 1844 und den Boskop in Holland seit 1865. Diese und zahlreiche andere Edelsorten verdrängten eine nahe Verwandte der Äpfel, die Mispel = *Mespilus germanica* (nicht zu verwechseln mit dem Schmarotzer Mistel!), die meist nur größere Sträucher entwickelt, schöne weiße Blüten mit bis 5 cm Durchmesser bildet und im Herbst knochenharte, relativ kleine Früchte trägt. Erst nach Frosteinwirkung sind die Mispeln genießbar - die man auch heute noch für Marmeladen, oft mit Äpfeln oder Weintrauben, wegen ihres hohen Pektingehaltes verwendet. Diese noch im Mittelalter recht beliebte Obstart ist inzwischen bis auf wenige Exemplare nahezu verschwunden, und nördlich der Alpen als verwilderte Art anzutreffen.

Die Botanik der Äpfel ist bemerkenswert.

Ihr Name ist *Malus domestica*, Familie der Rosengewächse, *Rosaceae*.

Malus bedeutet im Lateinischen eigentlich nichts Gutes, eher Schlechtes, Schlimmes, Unheil, Unglück u.s.w.

Bei der Namensgebung (schon bei den Römern) bezog man sich wohl auf die biblische Geschichte, in der der Apfel als verbotene Frucht im Garten Eden galt und wegen der Übertretung des Verbotes zur Vertreibung von Adam und Eva aus dem Paradies geführt haben soll.

Domestica von Domus = Haus, häuslich, zum Haus gehörend, heimisch - besagt, wie sehr der oder die Apfelbäume zu unserem Haus, Wohnsitz, Leben gehören. Unsere Obstsorten sind wegen ihrer vielfältigen Herkunft (Hybridisierung unter anderem mit dem Paradiesapfel *Malus pumila varietät paradisiaca* und/oder dem Holzapfel, *Malus sylvestris* (silva: der Wald, im Wald lebend, vorkommend)), durchweg geklonte Exemplare, die bei geschlechtlicher Vermehrung (Aussaat) alles Mögliche und nur in Ausnahmefällen etwas Brauchbares hervorbringen würden.

Also ist jedes Exemplar einer bestimmten Sorte genetisch völlig identisch mit allen anderen, eigentlich ein Teil des ersten vom Züchter auserwählten Exemplars, das durch Veredelung (Propfen oder Kopulieren) auf bestimmte Unterlagen, auch millionenfach, vermehrt werden muss.

Trotz genetischer Identität kommt es auch zu spontanen Mutationen, die gelegentlich interessante neue Sortenvarianten bilden können.

Sehr alte Sorten wie die Goldparmäne zeigen allerdings auch mal Abbauerscheinungen, wie erhöhte Schädlingsanfälligkeit, schlechtes Wachstum, Ertrag usw.

Von Natur aus werden die meisten Apfelsorten richtige Bäume, 6-8 Meter hoch, manche auch darüber, mit Stammdurchmesser bis 60 cm. Das erreichbare Alter kann 150 Jahre und mehr betragen. Früher wurden in Deutschland Äpfel auch als Chausseebäume gepflanzt, die zur Ernte vom

Eigentümer - meist die Gemeinde - an Interessenten verpachtet wurden.

Durch die Wahl entsprechender Unterlagen (=Sämlinge oder vegetativ vermehrte Sorten als Basis der Veredelung, wie Propfung oder Kopulierung, für die gewünschte Sorte) wird die Wüchsigkeit, auch die Zeitspanne bis zum Beginn der Erträge entscheidend beeinflusst. Für Hochstämme braucht man für manche Sorten Zwischenveredelungen als Stammbildner. So sind viele Hochstämme aus 3 Sorten - Wurzel - Stamm - Edelsorte, zusammengesetzte Wesen.

Im modernen Erwerbsobstbau werden als Unterlage meistens schwachwüchsige Typen verwendet, die einen sehr engen Pflanzabstand, z.B. nur 2 Meter, sehr frühen Ertragsbeginn und eine bequeme Ernte und Pflege erlauben. Dafür sind solche Pflanzungen sehr kurzlebig. Das ist einerseits ein Nachteil, andererseits Vorteil, weil man so innerhalb weniger Jahre auf Sorten-Modetrends und Neuzüchtungen umsteigen kann. Bei der Sortenwahl muss auch berücksichtigt werden, dass ohne Bestäubung (Befruchtung) der Apfelbaum keine Früchte trägt. Da gibt es gute und schlechte Pollenspender, z.B. "Boskoop" oder "Kaiser Wilhelm", weil sie triploid sind. Manche Sorten sind auch selbstfertil (fruchtbar) und können ohne extra Pollenspender mit Hilfe der Bienen gute Erträge bringen.

Nicht nur für die Produktion des beliebten Obstes, sondern auch als Zierbaum oder Strauch gibt es sehr viele Apfelarten und Züchtungen.

Neben den Arten *Malus domestica* und dem Holzapfel: *Malus sylvestris*, gibt es von der Gattung Malus noch mehr als 30 Arten und sehr sehr viele Hybriden, die aus dem nördlichen Eurasien, China und Japan kommen.

Nur wenige Arten haben ihre Heimat in der "Neuen Welt". Viele sind sehr reichblütig, von weiß über Rosa bis Rot, manche auch buntlaubig. Die Früchte haben Erbsengröße bis Golfballgröße, oft auch sehr lebhaft gefärbt.

Alle sind essbar, allerdings nur mehr oder weniger schmackhaft. Für viele Vogelarten sind sie auf jeden Fall eine Bereicherung des Nahrungsangebotes. Wuchsformen der verschiedenen Zierapfelsorten gibt es vom kleineren Strauch bis zum stattlichen Baum. Ein Beispiel kenne ich aus eigener Erfahrung, einen relativ großen Paradiesapfelbaum, der in manchen Jahren reichlich schöne bunte, nicht so kleine Früchte getragen hat. Diese Früchte ergaben einen richtig guten Apfelsaft, sortenrein gepresst. Roh genossen haben wir diese Paradiesäpfel kaum, wir hatten schließlich eine große Auswahl edlerer Sorten.

So lange, wie sich die Menschheit wegen ihren wertvollen Früchten mit Apfelbäumen beschäftigt hat, so vielfältig ist dieses Thema erörtert worden - hier nur in den Teilen, die mir interessant erschienen.

Genießen Sie dieses Gottesgeschenk "Äpfel" als ein Genuss ohne Reue!

Die Birnen

Nicht ganz so oft wie Äpfel werden Birnen gegessen oder zu Kompott, Säften, Alkoholitäten und so weiter verarbeitet.

Dabei verehrten schon die Babylonier Birnbäume als heiligen Baum. Homer berichtete von den Anfängen der Züchtung von Birnensorten. So erwähnte Theophrast schon 3 Sorten, Cato fünf bis sechs Sorten und Plinius 38.

In der besonders in Frankreich recht genussfreudigen Periode des Barock entstanden sehr viele und schmackhafte Sorten. So kannte man dort im 17. Jahrhundert bereits an die dreihundert Sorten, im 19. Jahrhundert waren es schon etwa tausend. Gegenwärtig rechnet man mit circa fünftausend Sorten weltweit.

Botanisch gehören die Birnen zu den Rosengewächsen, *Rosaceae*, wie die meisten in Mitteleuropa angebauten Obstbaumarten. Der schwedische Naturforscher Carl v. Linné führte die binäre lateinsiche Namensgebung - Gattung und Art für das Pflanzen- und Tierreich ein. In seiner Veröffentlichung von 1735 erscheint erstmalig die Benamung *Pyrus communis* für die Birnen. Übernommen wurde etwas abgewandelt die lateinische Bezeichnung *pirum* für die Birnen. Der Artname *communis* (hat nichts mit Politik zu tun) bedeutend "allgemein, gewöhnlich, üblich". Außer der Art *communis* gibt es noch mindestens 25 weitere Arten, die ausschließlich in der "Alten Welt", in Nordafrika,

Europa - außer Nordeuropa - Westasien, Persien, Himalaya bis Ostasien und Japan ihre ursprüngliche Heimat haben.

Allein aus China stammen davon 8 Arten, wie auch die Nashi Birne, die es auch in Sorten mit farbiger Schale gibt. Ihr Name ist *Pyrus pyrifolia var. culta*.

Die Birnen sind hochgradig selbststeril und benötigen gute Pollenspender in der Nachbarschaft.

Bewährt hat sich die Sorte "Williams Christ" als guter Pollenspender, übrigens die beste Einmachbirne, auch beliebt als Obstbrand. Bei dieser Sorte gibt es sogar aus unbestäubten Blüten entstandene kernlose Früchte.

Wie auch bei Äpfeln gibt es einige triploide Sorten, wie die "Gräfin von Paris" (ist meine Lieblingssorte), die als Pollenspender völlig ungeeignet sind.

Normal sind Pflanzen, auch Tiere, diploid, das bedeutet, sie haben einen doppelten Chromosomensatz, der für Pollen und Eizellen halbiert wird, damit nach der Befruchtung wieder ein doppelter Satz vorhanden ist.

Triploid bedeutet die Pflanze hat einen dreifachen Chromosomensatz, nur 3 lässt sich nicht so gut halbieren.

Der russische Pflanzenzüchter Mitschurin hat 1932 im Nordkaukasus eine Kuriosität gefunden, eine vegetative Birne, die neben normalen aus Blüten entstandenen Früchten an Triebenden Verdickungen bildet, wie eine Frucht, die in Größe und Geschmack den normalen Früchten gleich kommen. Mitschurin gab ihr die Sortenbezeichnung *"Vegetativnaja"*.

Wie bei praktisch allen Obstbaumarten und Sorten ist eine Vermehrung durch Aussaat nicht zielführend, weil nicht vorhersehbar ist, was da im Einzelnen herauskommt.

Sehr häufig sind Rückschläge, Tendenzen zu Ur- oder Wildformen mit unbefriedigenden Eigenschaften in Form, Größe, Geschmack, Ertrag, Haltbarkeit, Resistenz usw. zu beobachten.

Darum muss jede Sorte veredelt werden.

Neben Sämlingen von den Wildbirnen nahe stehenden Mostbirnen nimmt man häufig Quitte als Unterlage.

Wildbirnenbäume haben ein sehr begehrtes Holz, schwer, hart, gleichmäßig gelblichweiß bis rötlich, mit feinporig gleichmäßiger Struktur.

Wegen der Neigung zum Reißen wird es meist gedämpft, wodurch auch die rötliche Färbung intensiviert wird. Im Freien hat Birnenholz eine eher geringe natürliche Dauerhaftigkeit. Verwendet wird es für hochwertige Möbel und Innenausstattungen und Holzblasinstrumente, auch im Orgelbau, früher ebenso für Zeichen- und Messgeräte.

Im Holzhandel ist Birnenholz rar, weil die Wildbirne eine besonders schützenswerte Baumart ist. Wirkliche "Wildbirne" ist in der Regel Importware aus Frankreich, Belgien und Russland. Im Holzhandel verwendet man meist die Bezeichnung "Schweizer Birnbaum".

Von Schweizer Mostbirnen auf Streuobstwiesen kommen auch fehlerfreie Stämme mit bis zu 3 m Länge und 80 cm Durchmesser. Sehr ähnlich ist das Holz vom Speierling -

Sorbus domestica und der Elsbeere - *Sorbus torminalis*. Eines haben das echte Wildbirnenholz, das Mostbirnenholz, das vom Speierling und der Elsbeere gemeinsam.

Sie sind sich nicht nur ähnlich, sie lassen sich alle gut bearbeiten, wie bohren, fräsen, drechseln, hobeln, schnitzen, polieren und beizen (Ebenholz-Ersatz).

Kommen wir zu den Früchten - eigentlich die Hauptsache: Viele Sorten haben ein recht süßes (bis 13% Zucker, damit Spitzenreiter von allen Obstarten!) saftiges, schmelzendes Fruchtfleisch, manche Sorten fester wie bei Williams Christ, oder auch grießelig (das sind Steinzell-Konkretionen rund um die Samenkerne), oft bei Mostbirnen.

Eine Schwäche haben sie fast alle, die begrenzte Lagerfähigkeit mit einem engen Zeitfenster der optimalen Genussreife. Davor meist zu hart, danach teigig und matschig, was aber kein Nachteil sein muss, wenn Birnenbrand gemacht werden soll.

Zum Trocknen dürfen Birnen schon sehr reif, sollten aber nicht sehr grießelig sein, wenn es gute "Kletzen" werden sollen. In Österreich wird um die Weihnachtszeit mit getrockneten Birnen, auch zusammen mit anderen Trockenfrüchten als Spezialität, das "Kletzenbrot" gebacken.

Interessant ist wohl, was bei der Lagerreifung so geschieht. Birnen, Äpfel, Bananen, Aprikosen, Pfirsiche, Pflaumen, Feigen, Kiwi, Mango, Papaya und Avocado, sowie Tomaten reifen bei richtiger Lagerung nach.

Bei den meisten entwickeln sich die Fruchtaromen, Säuren werden abgebaut und Stärke in Zucker aufgespalten. Als Nebenprodukt wird Ethen (Ethylen) gebildet und als Gas an die Umgebungsluft abgegeben. Spitzenreiter auf diesem Gebiet sind die Tomaten.

Ethen wirkt auf die hier genannten Fruchtarten als Reifungsbeschleuniger. Darum sollte man Birnen nicht gemeinsam mit diesen Arten lagern, wenn sie sich länger halten sollen.

Ohne Wirkung bleibt Ethen bei Ananas, Erdbeeren, Heidelbeeren, Tafeltrauben, Zitrusfrüchten und Gurken.

Diese Früchtegruppe reift nicht nach, sondern verliert an Wert, wird welk und verdirbt nur bei zu langer, nicht artgerechter Lagerung.

Die gesundheitlichen Wirkungen der Birnen: Trotz des hohen Zuckergehaltes (bis 13 %) beeinflussen sie Diabetes Typ II bei regelmäßigem Genuss günstig. Besonders rotschalige Sorten wie die "Rote Williams-Christ" oder "Starkrimson" wirken, wenn mit der Schale gegessen, blutdrucksenkend und unterdrücken die Entwicklung von Helicobakter pylori, dem Verursacher von Entzündungen der Magenschleimhaut und Magengeschwüren, ohne die nützliche Darmflora zu beeinträchtigen.

So können Birnen auch zur Erhaltung der Gesundheit dienen.

Pflaumen, Zwetschgen und so weiter

Wie die schon beschriebenen Kirschen gehören auch sie zur Gattung *Prunus* von der Familie der Rosengewächse.

Im aktuellen Standardwerk "Zander-Handwörterbuch der Pflanzennamen" sind rund 70 Arten und zahlreiche Hybriden beschrieben.

Außer dem uns interessierenden Steinobst sind auch ausgesprochene Ziergehölze, wie das "Mandelbäumchen - *Prunus triloba*" mit dabei.

Eine typische einheimische Wildform ist der Schwarzdorn, auch Schlehe genannt - *Pr. spinosa*. Außer in Europa ist der Schwarzdorn auch in der Türkei, im Kaukasus, Iran, Westsibirien und sogar in Algerien als ursprüngliche Art zu finden.

Am weitesten verbreitet ist die ovale Hauspflaume oder Zwetsche (in Süddeutschland und Österreich auch Zwetschge oder Zwetschke geschrieben) - *Prunus domestica*. Es wird angenommen, dass die Truppen von Alexander dem Großen aus der Gegend von Damaskus, wo Pflaumen schon in größerem Umfang angebaut wurden, diese nach Südeuropa mitgebracht haben. In Mitteleuropa wurden sie erst ab dem Mittelalter heimisch.

Wir können die Familie der Pflaumenarten in vier Gruppen einteilen, die alle der *Pr. domestica* zuzuordnen sind, die jedoch durch Einkreuzungen auch Erbgut von Schlehen und Kirschpflaumen, *Pr. cerasifera*, in sich tragen.

Die erste Gruppe sind die Zwetschen:

Merkmal ist die längliche ovale Fruchtform, die meist blaue Farbe und sie hat einen leicht abwischbaren Hauch auf der Haut (bereift), der vor dem Verzehr abgewaschen werden sollte, weil er besonders fettlösliche Fremdstoffe bindet, die meist schädlich sind. Zwetschen sind die wichtigste Art für den klassischen Pflaumenkuchen.

Sorten heißen hier z.B. "Bühler Frühzwetsche", "Ersinger" oder "Anna Späth" (das war meine persönliche Lieblingssorte, relativ groß, spät reifend und honigsüß).

Die zweite Gruppe sind die "echten Pflaumen". Die Früchte sind rund, haben saftiges weiches Fruchtfleisch, verschiedene Farben, die Haut ist nicht bereift, und sie sind mehr oder weniger steinlösend.

Sorten sind "Ontario-Pflaume", "Gräfin Cosel" oder "Opal".

Die dritte Gruppe bilden die Renekloden. Rundliche, meist grün-gelbe, mittelgroße sehr süße Früchte, allerdings schlecht steinlösend. Sorten sind "Große grüne Reneklaude", "Oullins Reneklaude" oder "Graf Althanns". Botanisch: *Pr. domestica subsp. italica.*

Als vierte Gruppe sind die Mirabellen zu nennen.

Kleine runde Früchte, gelb oder rot, süß aromatisch, steinlösend, dornenlos und in mehreren Sorten. Sie bilden eine eigene Subspecies: *Pr. domestica subsp. syriaca.*

Eine eigene Subspecies ist auch die Hafer- oder Kriechenpflaume in Österreich "Kriecherl", *Pr. domestica subsp. insititia*, meist gelb, nicht steinlösend, Fruchtfleisch süß, aber die Schale richtig sauer. Sie wird meist zur Saftgewinnung genutzt oder zu Marmelade verarbeitet. Im Geäst ist sie oft dornig.

Insgesamt gibt es alle möglichen Übergänge und Zwischenformen, die oft schwer korrekt in die botanische Systematik eingeordnet werden können. Das ist die Folge der über 3000jährigen Geschichte des Anbaues von Pflaumen und die Neigung zur Hybridisierung.

Trotz mehrfacher Polyploidie - z.B. hexaploide Formen - funktioniert die Befruchtung auch zwischen den Kultursorten recht gut.

Die wohlschmeckenden und ernährungsphysiologisch sehr wertvollen Pflaumenfrüchte haben starke Konkurrenz durch die praktisch grenzenlosen Transportmöglichkeiten erhalten. So verdrängen zum Teil Zitrusfrüchte, Kiwi, Bananen und ganzjährig verfügbare Weintrauben, Erdbeeren, sowie immer mehr neue Exoten die meist heimischen Pflaumen.

Verwendung finden Pflaumen vorzugsweise als Frischobst, gekocht als Kompott, für Obstkuchen, Saft, Wein, Likör und als Destillat mit in der Maische zerquetschten Kernen = Slivovitz. Gedörrt als Backpflaumen, oder zu Pflaumenmus verkocht sind diese Früchte auch ohne Kühlung über Monate gut haltbar.

An Inhaltsstoffen enthalten Pflaumen viel Zucker, besonders Renekloden. Wertvoll ist der hohe Gehalt an Vitamin

C, E und A, dazu die Mineralstoffe Magnesium, Zink und Kalium.

Die reichlich enthaltenen Anthocyane sollen vor Krebserkrankungen schützen.

Der römische Dichter Marcus Valerius Martialis soll sich zum gesundheitlichen Wert vor 2000 Jahren mit den Worten geäußert haben: "Nimm Pflaumen für des Alters morsche Last, denn sie lösen den hart gespannten Bauch".
Auch mein Großvater, geb. 1875 aus einer alten Gärtnerdynastie sagte unter Anderem zu mir: "Du musst jedes Jahr mindestens 10 Pfund Pflaumen essen, dann bleibst du gesund, und es ist gut für das Denkvermögen!".
An Schädlingen ärgert uns besonders der Pflaumenwickler, dessen Larven die Madigkeit verursachen. Neben Virosen und Bakterien ist die Narrentaschenkrankheit recht auffällig.
Ein Pilz namens *"Taphrina pruni"* befällt außer Pflaumen auch Aprikosen und Traubenkirschen, relativ immun sind Mirabellen und Renekloden. Befallene Früchte werden meist größer, länglicher, bleiben kernlos, bilden einen Hohlraum. Das Fruchtfleisch ist hart und saftlos, aber ungiftig. Darum sagt man zu ihnen außer "Narrentaschen" auch "Hungerpflaumen" oder "Schusterpflaumen".
Von Pflaumenbäumen gibt es natürlich auch Holz.
Es ist hart, beim Trocknen schwindet es, es neigt zum reißen, Farbe von rosa bis braun-violett.

Verwendet wird das Pflaumen-Kernholz für Holzblasinstrumente, Fasshähne, Messerhefte, ist gut zum Drechseln
und lässt sich gut polieren.
Eine forstwirtschaftliche Nutzung ist eher unüblich.
Wir freuen uns jedenfalls, wenn die Vielfalt der Pflaumen
in unseren Breiten reifen, und uns Genuss und Gesundheit
bescheren.

Der Holunder

Der Holunder, mancherorts auch Holler genannt, botanisch *sambucus nigra*, gehört zur Familie der Moschuskrautgewächse, *Adoxaceae*. Fast bis in unsere Gegenwart wurde die Gattung *Sambucus* den Geißblattgewächsen - *Caprifoliaceae* - zugeordnet, was aber aktuell nicht mehr zutreffend ist.

Neben dem schwarzen Holunder sind von den zehn häufigeren Arten zwei weitere für uns von Interesse.

So der rote Holunder, *Sambucus racemosa*, der wesentlich kleinwüchsiger ist. Seine Fruchtanordnung ist nicht wie bei dem schwarzen Holunder in flachen, tellerartigen Dolden, sondern in eher traubiger Anordnung, seine reif, knallig roten Beeren sind auch essbar. Die medizinische Wirkung soll sogar noch intensiver sein, als die vom größeren "Bruder".

Kleiner, bis maximal 1,5 m hoch wird der mehr zu den krautartigen Stauden zählende Zwergholunder, *sambucus ebulus*, auch Attich genannt. Die ebenfalls schwarzen Beeren sind aber giftig!

Alle 3 Arten kommen auf der nördlichen Halbkugel, von Madeira bis Zentralasien wildwachsend vor, wobei der Attich die nördlicheren Verbreitungsgebiete eher meidet.

Von besonderem Interesse ist auf jeden Fall der schwarze Holunder als Nahrungs- und Färbemittel, als Heilpflanze ("Apotheke des Einödbauern"), auch das Holz wurde verwendet.

In der Steinzeit nutzte man die Härte des Holzes, was einen relativ dicken, weichen und leichten Markkern umgibt, um Löcher in Steinwerkzeuge zu bohren. Eine Stange wurde mittels einer Bogensehne hin und her gedreht, als Schleifmittel verwendete man scharfen Quarzsand. Natürlich war das ein mühsames "Geschäft".

Aus jüngeren Holzstücken wurden nach Ausbohren des weichen Markes auch Flöten hergestellt.

In der nordischen Mythologie habe Freya, die Liebesgöttin, auch als Beschützerin von Haus und Hof einen Wohnsitz im Holunderbusch gehabt. Im Christentum gab es mehr negative Konnotationen. Unter anderem soll sich Judas Iskariot nach dem Verrat an Jesus an einem Holunder erhängt haben.Vermutlich darum entstanden diverse, abergläubische Geschichten über verhängnisvolle Kräfte, die man dem Holunder andichtete.

Wichtiger sind die positiven Eigenschaften dieses Gewächses. Die schon seit dem Mittelalter bekannten Heilwirkungen werden auch in unserer Zeit weitgehend bestätigt und zum Teil sogar erweitert.

An Inhaltsstoffen finden wir in der ganzen Pflanze u.a. ätherische Öle, Rutin, (verbessert die Elastizität von Blutgefäßen), Weinsäure, Gerbstoffe, Pflanzenschleim, Cholin, in den Früchten Vitamin C, B1, organische Säuren, Bitterstoffe usw. Im unreifen Zustand sind die Beeren nicht bekömmlich, weil leicht giftig.

Nachgewiesen sind folgende Wirkungen: Blätter als Blutreinigungstee, frisch gequetscht als Wundbehandlung. Blüten, auch getrocknet als sogenannter Fliedertee schweißtreibend bei Erkältungen, in Milch gekocht in Linnentüchlein zur Augenbehandlung. Beeren wirken blutreinigend, auch als Holundersuppe und gut für die Blutgefäße (siehe Rutin).

Wurzelabkochung in Wasser, besser in Wein, ist hilfreich, wenn es ums Abnehmen geht.

Aus den Früchten kann man Branntwein (Destillat von vergorenen Früchten) herstellen, aber auch Konfitüre oder Mus, die erwähnte Holundersuppe, leicht angedickt mit in Butter gerösteten Weißbrotwürfeln verfeinert, ist sie besonders an unfreundlichen Herbsttagen eine Wohltat.

Der Saft findet Verwendung als natürliche Lebensmittelfarbe. Zu diesem Zweck wird Holunder mancherorts plantagenmäßig angebaut. Mit Alkohol angesetzt macht man auch einen interessanten Likör.

Die Blüten, mit Zitronen und Orangenscheiben und Zucker in Wasser angesetzt, ergeben ein Konzentrat, das mit Wasser verdünnt ein köstliches Erfrischungsgetränk ergibt.

Die frischen Blüten in Pfannenkuchenteig getaucht und in Fett ausgebacken sind auch sehr gut.

Holunderbeeren, Blüten und Blätter sollte man dort wo der Strauch bzw. Baum wild wächst, nicht in der Nähe von Ackerflächen der konventionellen Landwirtschaft und stark befahrenen Verkehrswegen sammeln, bzw. ernten. So erhalten wir rundum die Gesundheit fördernde meist wohlschmeckende Naturprodukte, wahre Gottesgeschenke!

Weißdorn und Rotdorn

Die Gattung *Crataegus* aus der Familie der Rosengewächse
– *Rosaceae* – ist außerordentlich vielgestaltig mit 800 bis
1000 Arten und fast zahllosen Sorten und Hybriden, die
auch zum Teil ohne menschliches Zutun entstanden sind.
In Europa sind von der Vielzahl 22 Arten beheimatet, andere in Asien, die meisten – an die 800 – in Nordamerika.
Uns sollen aber speziell die 2 Geschwisterarten, der
eingriffelige = *Crataegus monogyna* und der zweigriffelige –
Cr.laevigata, ehemals *Cr. oxyacantha*, weiter beschäftigen.
Die exakte Abgrenzung der Arten ist nicht immer ganz
eindeutig wegen der zahlreichen Hybriden auch zwischen
dem ein- und zweigriffligen Weißdorn. Eine besonders
schöne Unterart ist der Rotdorn, *Crataegus monogyna var.
kermesina plena*. Kermes ist ein arabisches Wort und bedeutet **rot**, *plena* aus dem Lateinischen bedeutet **voll**, also für
uns „gefüllt rot blühend". Es gibt ganze Straßenzüge, die
mit Rotdorn-Hochstämmen gesäumt sind. Für die Einwei-
hung eines Institutsneubaues gerade zu dieser Blütezeit
konnten wir für die Dekoration auf reichlich Rotdornzwei-
ge und Goldregenzweige, die auch in voller Blüte standen,
zurückgreifen. Der Effekt war umwerfend!
Aber auch der Weißdorn, meist ab Ende April in voller
Blüte stehend, entfaltet eine wundervolle Schönheit. Darüber hinaus ist es eine gute Bienenweide auch für Wildbienen und zahlreiche andere Fluginsekten. Außer den Blüten

sind die Früchte, selbst die Blätter, auch ökologisch sehr wertvoll als Futterquelle für zahlreiche Vogelarten, die dort auch relativ sichere Nistplätze finden, und das Laub ist Kinderstube für die Raupen mehrerer Schmetterlingsarten.

Zumal der Weißdorn als Heckenstrauch gut schnittverträglich ist, wird er auch gern als stachelige Abgrenzung von Grundstücken, Gehöften usw. angepflanzt.

Die reifen, roten Früchte sind essbar, wenn auch nur relativ wenig Fruchtfleisch die 1-5 sehr harten Samenkerne umgibt. Dieses etwas mehlige Fruchtfleisch schmeckt säuerlich-süß, wird gelegentlich zu Kompott oder Gelee verarbeitet und ist geeignet zum Mischen mit anderen Früchten, weil es gut geliert. Man kann es aber auch zu einem vitaminreichen Saft und Sirup verarbeiten.

In Notzeiten hat man getrocknete Früchte zerkleinert und damit das Mehl zum Brotbacken verlängert. In China werden Crataegusfrüchte zu Süßigkeiten verarbeitet.

Das Holz ist sehr hart ist aber in größeren Dimensionen praktisch nicht verfügbar. Gelegentlich verwendet man es für Werkzeugstiele, auch zum schnitzen und drechseln.

Von allgemeinem Interesse dürfte der medizinische Wert des Weißdorns sein, wobei die eingriffelige und die zweigriffelige Art völlig gleichwertig sind. Darum werden mit „Weißdorn" in diesem Text immer beide Arten gemeint. Aus gutem Grund wurde dieses Gehölz 2019 zur Heilpflanze des Jahres gekürt, wenn wir die Inhaltsstoffe und die Indikationen näher betrachten. Hauptsächlich aus

Blüten und Blättern werden Extrakte und Aufgüsse gewonnen, auch sogenannte Trockenextrakte. Diese enthalten u.a. Flavonoide, oligomere Procyanidine und biogene Amine. Auch die Schulmedizin bestätigt die heilende Wirkung bei Myokardinsuffizienz, Angina pectoris, sowie die Unterstützung bei altersbedingten Herzproblemen. Weißdornblüten als Tee sind ein bewährtes Hausmittel bei Kurzatmigkeit, Blutdruckproblemen und wirken schlaffördernd, auch entwässernd. Das ist alles nichts Neues. Schon im 14. Jahrhundert gehörte der Weißdorn in Europa zu den wichtigsten Arzneimitteln. Auch in der Homöopathie wird die Urtinktur (alkoholische Auszüge aus Früchten und Blüten) entsprechend potenziert genutzt.

In der Mythologie und auch sonst verwendete man für diese Gehölze andere Namen wie „Hagedorn", „Hagapfel", „Mehlbeere" oder „Christdorn".

Die Römer glaubten, dass Weißdorn böse Geister abwehrt und vor Verhexung schützt. Man glaubte, dass er die Wohnstätte der Feen sei. Im Christentum war dieses Gehölz ein Zeichen der Hoffnung, wahrscheinlich bezogen auf die Heilwirkung.

Selbst in der Dichtkunst gibt es von August Bürden und Richard Wagner bis Berthold Brecht, Bezüge zum Weißdorn.

Über eine biologische Besonderheit, den sogenannten Pfropfbastard – oder Chimäre zwischen Weißdorn und Mispel, *Mespilus germanica*, genannt *Crataemespilus*, noch einige Worte: Hier handelt es sich um eine ungeschlechtliche Vereinigung durch Pfropfung von zwei unterschiedlichen Gattungen, die aber beim gemeinsamen Wachstum ihre genetischen und wesentlichen Teile ihrer Erscheinungsform behalten haben. Zwischen beiden Gattungen gibt es auch eine echte Hybride *x Crataemespilus grandiflora*. Wir aber sind dankbar, dass uns die Schöpfung so wertvolle Helfer in gesundheitlichen Nöten geschenkt hat.

Die Kornelkirsche

Die Kornelkirsche *Cornus mas* gehört zur Familie *Cornaceae* (Hartriegelgewächse). Diese Gehölzart wächst zu 4-6 m hohen Großsträuchern heran und kann damit eben noch den Bäumen zugeordnet werden.

Diese in Europa - nicht im Norden - bis in die Türkei, Iran und dem Kaukasus beheimatete Art wird im deutschen Sprachgebrauch als "Dirndl", "Dirlitze", "Herlitze", "Krakebeere" oder "Gelber Hartriegel" bezeichnet.

Wie der botanische Name "*Cornus*" schon vermuten lässt - lat. Cornu = das Horn, hat dieser Großstrauch ein außerordentlich hartes Holz. Nach dem altgriechischen Schriftsteller Pausanias wurde das "Trojanische Pferd" aus Hartriegelholz gebaut - andere Quellen geben an, es wäre Ahornholz gewesen. Eher zutreffend ist, dass der Bogen von Odysseus aus diesem hart, -zähem Material war.

Die antiken Völker Vorderasiens und des Mittelmeerraumes verwendeten Hartriegelholz für die Herstellung von Waffen und Werkzeugen.

Das war so verbreitet, dass verschiedene Dichter die Bezeichnung Kornelkirsche anstelle von Lanze benutzten.

Noch bis Mitte des vergangenen Jahrhunderts war Kornelkirschenholz ein beliebtes Material für Spazier- und Wanderstöcke.

Zur direkten Verwandtschaft dieses Gehölzes werden mindestens 25 Arten der Gattung *Cornus* gerechnet.

Zur Familie *Cornaceae* gehört nur eine einzige weitere Gattung, die *Aucuba japonica*, vielen bekannt als die sogenannte "Fleischerpalme", die früher häufig mit ihren frisch immergrünen, weiß gesprenkelten Blättern als Kübelpflanze speziell in Fleischereien zur Dekoration zu finden war. Von den rund 25 Cornusarten erscheinen mir noch drei neben der Kornelkirsche recht interessant.

Das ist der ebenfalls im europäischen Raum beheimatete rote Hartriegel, *Cornus sanguinea*, der besonders im unbelaubten Zustand mit seinen leuchtend roten jungen Zweigen ein attraktiver Zierstrauch ist. Als Gegenstück pflanzt man gern den von Sibirien bis Japan beheimateten *Cornus alba* mit den auffallend hellen Trieben daneben. Eine besonders schöne Art aus Amerika stammend ist der *Cornus florida*. Neben den endständigen aber unscheinbaren Blütenständen erscheinen zur Blütezeit meist vier weiße, 5-6 cm lange und relativ breite Hochblätter, die richtig auffällig weithin sichtbar diesen Strauch regelrecht "leuchten" lassen.

Kommen wir noch mal zur eigentlichen Kornelkirsche.

Im zeitigen Frühjahr noch vor Laubaustrieb blüht sie mit vielen kleinen sternförmigen Blüten, die jeweils zu büschelartigen Grüppchen zusammengefasst sind. Das ist manchmal schon Ende Februar, hauptsächlich im März, wo diese Sträucher uns mit einem grünlich-gelben Frühlingshauch verzaubern.

Es dauert meistens bis zum September bis die ca. 2 cm länglichen Früchte reifen und leuchtend bis dunkelrot werden. Diese "Minidatteln" mit ihren länglichen Kernen sind genießbar.

Im Mittelalter war die Kornelkirsche in unseren Breiten ein bekanntes Obstgehölz. In Osteuropa werden diese Früchte noch häufiger verzehrt und auch auf manchen Wochenmärkten angeboten. Der Geschmack ist je nach Reifegrad mehr oder weniger säuerlich bis süß und aromatisch.

Bei der ungewöhnlich langen Entwicklungszeit von der Blüte bis zur Reife durfte man annehmen, dass diese doch kleinen Früchte viel Zeit hatten viele Vitalstoffe anzusammeln.

Es ist also kein Wunder, dass dank ihrer Wirkstoffe Kornelkirschen schon seit langem medizinische Anwendungen fanden und finden. Dazu ein Zitat der Hildegard von Bingen: "Die Kornelkirsche verletzt keinen Menschen, denn sie reinigt und stärkt den schwachen, auch gesunden Magen und fördert die Gesundheit."

Man sagt auch, sie wäre eine "Pflanzenmedizin".

Wie vermutet enthalten sie zahlreiche wertvolle Inhaltsstoffe wie z.B. Vitamin C in höherer Konzentration als die Zitronen zu bieten haben, dann Vitamine B, Kalium, Calcium, Magnesium, Gerbstoffe, Saponine und phenolische Verbindungen. eine besondere Bedeutung haben Oligomere Procyanide, kurz OPC, auch als Vitamin P bezeichnet, das bei Verletzungen und Regeneration von Schleimhäuten sehr hilfreich ist.

Die konventionelle Pharmakologie hat nachgewiesen, dass alkoholische Auszüge wirksam sind gegen Staphylococcus aureus, Escherichia coli und Pseudomonas aeruginosa, selbst bei antibiotikaresistenten Stämmen.

Für den häuslichen Gebrauch ist gut zu wissen, dass rohe Früchte, auch als Marmelade bei Entzündungen im Darm und bei Fieber gut wirken. Eine solche "Heilmarmelade" sollte man möglichst nicht mit Zucker, stattdessen mit Honig und pflanzlichen Pektinen oder Agar-Agar herstellen.

Bemerkenswert wäre noch, dass sich rohes Fruchtmus 1:1 mit Zucker vermischt im Kühlschrank bis zum Frühjahr hält.

Überraschen wird so manchen Leser, dass man auch aus nicht so ganz reifen Früchten "Falsche Oliven" machen kann. Das Rezept dazu: Kornelkirschen (Früchte) in einer Mischung aus 1 Teil Weißweinessig und 1 Teil Wasser mit einigen Lorbeerblättern, Senfkörnern, ganzen schwarzen Pfeffer, einer entkernten Chilischote und 2-3 Knoblauchzehen ca. 5 Minuten köcheln lassen, und dann möglichst heiß in Schraubgläser, mit dem Sud bedeckt einfüllen und zuschrauben. Nach wenigstens 1 Woche oder später hat man dann etwas olivenähnliches zum Knabbern.

Mit hochprozentigem reinen Alkohol angesetzt und mit Zuckerwasser auf einen trinkbaren Alkoholgehalt verdünnt ergibt es einen schönen, einzigartigen Fruchtlikör,

der dank der erhalten gebliebenen Inhaltsstoffe fast mehr
Medizin ist. Insgesamt können wir feststellen, dass die
Kornelkirsche nicht nur ein sehr früh blühender Zierstrauch ist, sondern ein besonderes Gottesgeschenk, das
wir aus dem Dornröschenschlaf erwecken sollten.

Beerenfrüchte I

Weitere meist sehr beliebte Obstfrüchte sind die Beeren, die man natürlich nicht zu den Bäumen zählen kann, sie sind nur Sträucher von extrem niedrig bis über mannshoch. Im Fall der Erdbeeren gar nur krautige Pflanzen. Sie alle haben unter den Bäumen nahe Verwandte wie z.B. unter den Rosengewächsen. Wenn hier auch keine Bäume beschrieben werden, glaube ich, dass dieses recht kulinarische Thema trotzdem ganz gut zum übergeordneten Themenkreis passt.

In einer Jahreszeit, wo noch kein frisch geerntetes Obst aus unseren Landen zur Verfügung steht, gibt es endlich, meist um Pfingsten herum eine Beerenköstlichkeit, die einheimischen Erdbeeren.
Wenn wir auch gewohnt sind, dass durch weltweite Importe die meisten Früchte ganzjährig angeboten werden, so muss doch die Frage erlaubt sein: ist das notwendig und ökologisch vertretbar, eigentlich nur sehr begrenzt haltbare Früchte um den halben Globus, oft per Luftfracht zu transportieren?
Wegen der oft sehr langen Transportwege hat man neue, extra haltbare Sorten gezüchtet (nicht nur bei Erdbeeren!), die auch nach 2 Wochen noch frisch und knackig aussehen. Aber wie sie schmecken, und ob sie noch die Zartheit einer reifen Frucht besitzen, war offenbar völlige Nebensache.

Wir haben das schon ganz typisch bei Importen aus Marokko, Portugal und Spanien in der Zeit vor unserer Erntesaison. Die sehr beliebten Erdbeeren sind botanisch gesehen gar keine Beeren, sondern Sammelfrüchte, Nüsschen = die kleinen, außen liegenden Kerne auf einem fruchtigen Blütenboden, den wir als Erdbeere so schätzen. Der Name der zu den Rosengewächsen gehörenden Gattung ist *Fragaria x ananassa*. Unsere Kulturerdbeeren sind keine Züchtungen, die auf die hier heimischen Walderdbeeren „*Fragaria vesca*" zurück zu führen sind, sondern Kreuzungsprodukte der „*Fragaria chiloensis*" und „*Fr. virginiana*", sowie zahlreichen anderen Arten und Hybriden. Nicht zuletzt durch vielfache züchterische Manipulationen haben die meisten Sorten einen 8fachen Chromosomensatz, sind also Oktoploid, und nicht diploid, wie die Mehrzahl aller Lebewesen. Wenn man so will, sind sie alle genmanipulierte Pflanzen.

Kommen wir noch einmal zum botanischen Namen: „*Fragaria x ananassa*". Da braucht man sich nicht zu wundern, besonders wenn man aus Deutschland kommt, dass in Österreich die Erdbeeren meist als „Ananas" angeboten werden. Lokal sind auch noch andere Namen gebräuchlich, wie in Graz „Pröbstlinge". Die heimische Walderdbeere und ihre Nachkommen sind zum Glück nicht ganz verschwunden. Am bekanntesten ist sicher die „Monatserdbeere" in den Varianten ohne und mit Ausläuferbildung. Als Besonderheit blühen und fruchten sie vom Frühjahr bis weit in den Herbst hinein: Allerdings sind die Früchte recht klein, reif aber sehr aromatisch, darum besonders für Erdbeerbowlen beliebt.

An den Weinberghängen der Oberlößnitz (ein kleines aber feines Weinanbaugebiet), ganz nahe, westlich von Dresden wurde noch bis kurz vor Beginn des 2. Weltkrieges die sog. „Bergbeere" angebaut. Vermutlich eine seltene Kulturform, der Walderdbeere, die auch durch die sonnenexponierte Lage, mindestens 2 Wochen vor der allgemeinen Erdbeererntezeit reif wurde. Diese Früchte waren bei Gourmets so begehrt, dass es sich für den (kleinen) Erdbeerbauern gelohnt hat, die Tagesernte gut verpackt in einem Tragkorb (Kiepe) per Bahn (es gab damals den „100 Minutenexpress") via Dresden nach Berlin zu bringen um z.B. bei Kempinski oder Adlon sehr gutes Geld dafür zu bekommen.

Nur wenig später im Jahr kommen die zarten, aromatischen Himbeeren „*Rubus idaeus*" bei uns zur Reife, deutlich später bis in den Herbst hinein gibt es dann die Brombeeren „*Rubus fruticosus*" (alter botanischer Name!). Wie vom Namen her und auch vom Erscheinungsbild sind es praktisch Geschwister.

Die botanische Benennung erscheint mir etwas chaotisch. Im aktuellen „Zander" (= das Standardwerk „Handwörterbuch der Pflanzennamen", 19. Auflage, jeweils aktualisiert!) werden 55 Arten der Gattung *Rubus* angeführt. Um das Chaos zu perfektionieren gibt es bei Brom- und Himbeeren zahlreiche Hybriden und daraus hervorgegangene Sorten.

Befassen wir uns erst mal mit Himbeeren, zumal sie schon vor dem 19. Jahrhundert in Kultur genommen wurden, Brombeeren deutlich später, kann man verstehen, weil es damals noch keine stachellosen Sorten gab. Unsere Himbeeren sind Sträucher, deren Triebe in der Regel nur 2-jährig sind. Das bedeutet, im Winter oder sehr zeitigem Frühjahr sollte man die Triebe, die Früchte getragen hatten, möglichst tief unten abschneiden und am besten verbrennen, nicht im hauseigenen Kompost entsorgen, um die Übertragung von Krankheiten und Schädlingen (Himbeerblütenstecher) zu verhindern. Ansonsten sind Himbeeren recht pflegeleicht, auf keinen Fall mit Fungiziden oder Insektiziden spritzen, zumal die Blüten stark von Bienen besucht werden.

Die Brombeeren –„*Rubus sectio rubus*"- haben wohl diese ungewöhnliche Namensgebung, weil sich die zahllosen Sorten keiner natürlichen Art zuordnen lassen. Das soll uns aber nicht stören, jedenfalls sind die Früchte, richtig reif, eine Köstlichkeit, sie werden aber auch gern zu Marmelade, oder Gelee (=besonders gut, weil ohne Kerne!) wie auch zu Likör oder Obstweinen verarbeitet.

Erwähnen möchte ich auf jeden Fall die arktische Moltebeere, auch Kranichbeere genannt. Ein zierliches Pflänzchen zwischen 2 bis maximal 20 cm hochwachsend. Die Haupttriebe wachsen direkt unter der Erdoberfläche.

An zahlreichen „Knotenpunkten" kommen die Kurztriebe an die Oberfläche und enden mit jeweils einer Blüte, aus der die himbeerartige Frucht entsteht. Dieses in nordischen Ländern kostbarste Wildobst ist beim Reifeprozess erst rot, wird dann mit zunehmender Reife gelb und ist übrigens auch ohne sterilisieren oder Konservierungsstoffe im Schraubgläsern noch wochenlang frisch und genießbar!

Die Großfamilie der Him-, Brom-, und Moltebeeren sind ausgesprochene Kosmopoliten. Ihre natürlichen Verbreitungsgebiete beginnen in den gemäßigten bis arktischen Bereichen Europas (z.B. Norwegen) und ziehen sich über Nordosteuropa über Sibirien bis nach Fernost (Sachalin, Kamtschatka und Korea), von wo aus sie sogar den Sprung in die Neue Welt geschafft, und in Alaska und Kanada eine Heimat gefunden haben.

Die hier beschriebenen Beerenarten gehören zu den Rosengewächsen – Fam. „*Rosaceae*".

Die recht auffälligen Verschiedenheiten, und trotzdem Familienzugehörigkeit, könnte zum Gegenstand entsprechender weiterer Erörterungen werden.

Beerenfrüchte II

Nach Betrachtungen unser wohl wichtigsten Beerenarten: Erd-, Him-, Brombeeren, folgen wohl in der Beliebtheit die Johannis-, Stachel-, Heidel-, u. Preiselbeeren botanisch gesehen echte Beerenfrüchte. Um bei diesem Thema zu bleiben, gibt es für den Nichtbotaniker hier doch einige Überraschungen. Echte Beerenfrüchte sind unter anderem auch Tomaten. Sogar Gurken, Melonen und Kürbisse gehören dazu. Auch Exoten wie Kiwi oder Kaki (Sharon) sind echte Beeren. Selbst Bananen zählen zu den beerenartigen Früchten.

Die Johannisbeeren, *Ribes rubrum* und *R. nigrum* (rote u. schwarze Johannisbeeren), gehören zur Familie *Grossulariaceae*, früher waren sie den Steinbrechgewächsen zugeordnet. Wobei ehemals für die Stachelbeeren der Gattungsname *Grossularia* verwendet wurde.

In Anlehnung an die botanischen Namen sagt man in Österreich statt Johannisbeeren „Ribisl" und in manchen Gebieten zu Stachelbeeren „Ogrossln".

Unsere roten Johannisbeeren sind seit dem 15. Jahrhundert als Kulturpflanzen bekannt. Daher gibt es inzwischen zahlreiche Sorten, auch welche mit hellgelblichen Früchten oder unterschiedlichen Größen der Einzelbeeren und Trauben, sowie Reifezeiten usw. Verwendet wurden diese Früchte vorzugsweise für die Herstellung von Fruchtsäften, Obstweinen und Konfitüren.

Die schwarzen Johannisbeeren, *Ribes nigrum*, auch Ahlbeere genannt, haben wegen ihres eigenartigen Geschmackes nicht nur Freunde, obwohl sie besonders viele wertvolle Inhaltsstoffe, wie Vitamine, Flavonoide oder Anthocyane besitzen und darum zu den Heilpflanzen gezählt werden können. Im 16. Jahrhundert stellten Mönche in Dijon aus diesen Beeren Cassisgeist her.

Durch den reichen Gehalt an Vitaminen, auch harntreibenden Stoffen galt dieses Produkt als Lösungsmittel für Gallen- und Nierensteine. Hier wird der Saft eher für Mix- und Erfrischungsgetränke gern verwendet.

Als reine Ziergehölze kennen wir die „Geschwister" unserer Beerensträucher die Blutjohannisbeere, *Ribes sanguineum*, mit ihren im zeitigen Frühjahr erscheinenden rosa bis roten Blütentrauben, oder die Goldjohannisbeere, *Ribes aureum*, die übrigens als stammbildende Unterlage für hochstämmige Johannis- und Stachelbeeren verwendet wird.

Unter den ungefähr 150 Arten der Gattung *Ribes* und deren zahlreichen Hybriden ist wohl die Stachelbeere, *Ribes uva-crispa, var. sativum* für uns von besonderem Interesse. Von der seit dem 16. Jahrhundert kultivierten Beerenart entstanden in den 5 Jahrhunderten betriebener Pflanzenzüchtung, auch durch Einkreuzung amerikanischer Arten, zahlreiche Sorten auch stachellose.

Die Wildformen der Stachelbeere sind von Europa bis in die Mandschurei und dem Himalaya sogar Nordafrika beheimatet.

Der Pflanzenzüchtung ist es sogar gelungen die schwarze Johannisbeere mit Stachelbeeren zu kreuzen.

Unter den Namen „Josta", *R. x culverwellii* und „Jochelbeere", *R. x nidigrolaria* werden sie in bescheidenem Umfang überwiegend im nicht kommerziellen Bereich angebaut.

Recht bekannt und beliebt sind die zu den Heidekrautgewächsen - (*Ericaceae*) gehörenden Blau- oder Heidelbeeren, Preisel- und Moosbeeren. Unsere heimische Blaubeere *Vaccinium myrtillus* ist als Kleinstrauch in den Wäldern, häufig an Wald- und Straßenrändern, so der Boden nicht zu kalkhaltig ist, weit verbreitet. Ihr Verbreitungsgebiet geht durch das ganze nördliche Eurasien bis nach Nordamerika. Von ihren unmittelbaren Verwandten ist sie der wertvollste Vertreter, was ihren Geschmack und Inhaltsstoffe angeht. Nur eben die Ernte ist recht mühselig und sind darum im Handel weniger stark vertreten. Erntehilfsmittel wie der Heidelbeerkamm sind fast überall nicht erlaubt.

Anders die aus Nordamerika stammende Strauch-Heidelbeere. Sie wird auch bei uns häufig plantagenmäßig angebaut. Sie ist auch als amerikanische Heidelbeere oder Blueberry *Vaccinium corymbosum* bekannt. Besonders in Nordamerika ist die großfrüchtige Moosbeere, bekannt als

Cranberry, von größerer wirtschaftlicher Bedeutung: *Vaccinium macrocarpon.*

Uns interessiert mehr die Preiselbeere, auch Kronsbeere genannt: *Vaccinium vitis-idaea*, ihr Vebreitungsgebiet ist fast identisch mit dem der Heidelbeere. Die mehr herb-süßen Wildfrüchte werden weniger als Kompott, dafür oft als Beigabe zu deftigen Fleischgerichten, besonders Wild, gereicht.

Man findet sie als Konserve in fast jedem Supermarkt. Das ist möglich, weil die Ernte dank der meist traubenartig zusammenstehenden Beeren weitaus effektiver ist, als das Sammeln von Heidelbeeren. Auch hier gibt es Hybriden zwischen beiden Arten: *Vaccinium x intermedium*, die aber noch keine besondere Bedeutung erlangt haben.

Neben den mehr als 20 weiteren Verwandten sollte noch die Moorbeere, auch bekannt als Rausch oder Trunkelbeere erwähnt werden: *Vaccinium uliginosum.* Ihr Verbreitungsgebiet deckt sich weitgehend mit den näher beschriebenen Beerenarten. Sie schmecken eher fade und können in größeren Mengen verzehrt, Übelkeit und Rauschzustände auslösen.

Natürlich gibt es noch zahlreiche weitere Beerenfrüchte, die essbar und wertvoll sind, wie z.B. Sanddorn. Aber Vorsicht (!) es gibt auch recht giftige Vertreter wie z.B. Tollkirschen, oder Früchte vom Seidelbast unter den verlockend anmutenden Beerenfrüchten, von denen man besser die

Finger lässt. Aber die beschriebenen Beeren möchten wir
als Gottesgeschenke nicht vermissen.

Nadelgehölze und ihre Position im Pflanzenreich

Wer die botanischen Exkurse bei der Lektüre der bisher beschriebenen Baumarten ertragen konnte, oder vielleicht mit Interesse gelesen hat, "dem" und "der" darf ich wohl auch mal etwas Systematik des Pflanzenreiches zumuten.

Alles, was zwischen Bakterien, Pilzen, Algen, Moosen, Farnen und Schachtelhalmen angesiedelt ist, also keine samenbildenden Blütenpflanzen sind, wollen wir mal außen vor lassen. Das übrige Pflanzenreich ist in 2 große Hauptgruppen unterteilt.

Erstens die Nacktsamer = *Gymnospermae* und zweitens die Bedecktsamer = *Angiospermae*.

Zur ersten Gruppe: Nacktsamer bedeutet, die Samenanlagen sind nicht, wie bei den Bedecktsamern, in einen Fruchtknoten eingeschlossen, sondern sitzen frei = nackt an Samenblättern oder Schuppen wie bei den Zapfen.

Entwicklungsgeschichtlich sind sie sehr alt und schon vor 380 Millionen Jahren als fossile Koniferen der Karbon- und Permzeit neben Farnpflanzen und Riesenschachtelhalmen in der Steinkohle nachgewiesen. Vorläufer waren *Bennettitales*, ähnlich den Palmfarnen und *Pteridospermae*, Samenfarne, die in etlichen Varianten als Fossile bekannt sind. Als „Überlebende" gibt es noch Palmfarne der Gattungen *Cycas, Zamia, Dioon und Encephalartos* in Afrika und Südamerika, die auch stärkehaltige Samen oder sagoähnliches Mark im Stamm haben, was dort als Nahrung genutzt wird.

Eine Sonderstellung nimmt der Ginkgo-Baum ein. Er erscheint wie ein sommergrüner Laubbaum, obwohl er als Nacktsamer den Nadelhölzern zugeordnet werden muss.

Unser, oder auch Goethes, *Ginkgo biloba* ist der einzige Überlebende einer 300 Millionen Jahre alten, einst verbreiteten Baumfamilie und ist in China heimisch.

Dort und in Japan wurde und wird er als Tempelbaum kultiviert. Wie alle Nacktsamer ist der Ginkgo getrennt geschlechtlich und wie zahlreiche andere Arten dieser Gruppierung auch zweihäusig, das heißt es gibt männliche und weibliche Exemplare.

Eine Ausnahmeerscheinung ist, dass die weiblichen Exemplare fleischige Früchte – etwa pflaumengroß – mit einer inneren Steinschale bilden, die frisch in Ostasien gern gegessen werden. Sind die Früchte überreif, riechen sie für uns ganz übel nach Buttersäure.

Ebenfalls ein Sonderling ist die Eibe = *Taxus*.

Bei oberflächlicher Betrachtung würde man Eiben als eine der Koniferenarten neben Tannen oder Fichten ansehen (Koniferen kommt von *konus* = tragend, wegen der konischen Spindel im Inneren der Zapfen, die nach Abfallen der Schuppen, wie bei den Tannen, oder Entfernung der Schuppen, vom Zapfen übrig bleibt).

Die auch zweihäusigen Eiben tragen aber keine Zapfen, sondern einzeln stehende hartschalige Samen, die bei Reife

122

von einem übrigens essbaren roten, fleischigen Samenmantel = Arillus, becherartig umhüllt sind. Die Samenkerne sind wie die ganze Pflanze durch das enthaltene Alkaloid Taxin gefährlich giftig, es wirkt herzlähmend und war das Speerspitzengift keltischer Krieger. Besonders Amseln lieben diese Früchte, deren Kerne unverdaut ausgeschieden werden. Eiben wachsen sehr langsam und werden höchstens 15-18 Meter hoch, und wahrscheinlich bis zu 3000 Jahre alt.

In frühgeschichtlichen Zeiten bis zum Mittelalter waren Eiben in unseren Breiten sehr häufig. Weil das nur sehr langsam nachwachsende Holz sehr begehrt war und ist, gibt es außer im Harzer Bodetal und bei Weilheim (Oberbayern) praktisch keine älteren Bestände mehr. Darum stehen Eiben hier unter Naturschutz.

Die für uns wichtigen Nacktsamer gehören zur Klasse der *„Pinopsida"* oder *„Coniferopsida"* mit der Ordnung *„Coniferales"*. Zu dieser Ordnung gehören die Familien *Araucariaceae, Cephalotaxaceae, Cupressaceae, Pinaceae und Taxodiaceae.*

Mit den interessantesten, bzw. wichtigsten Vertretern werden wir uns anschließend noch weiter beschäftigen. Noch etwas zu den Bedecktsamern – *Angiospermae*: diese erst etwa 120 Millionen Jahre später als die Nacktsamer entstandene – oder erschienene – Pflanzenkategorie hat sich ganz besonders vielgestaltig und offenbar relativ schnell (gemessen an geologischen Zeiträumen), zu einer schier unübersehbaren Artenvielfalt entwickelt. Man schätzt, dass es mehr als 250 000 Gattungen mit ungezählten Arten und Unterarten gibt. Diese werden wiederum in Einkeimblättrige (Monokotyledonen) und Zweikeimblättrige (Dikotyledonen) unterteilt.

Einkeimblättrige sind zum Beispiel alle Gräser, Lilien- und Zwiebelgewächse, Ananasgewächse (Bromelien) und Orchideen, von denen allein mehr als 25 000 Arten bekannt sind.

Charakteristisch ist, wie bei Getreidekörnern, der als Nährstoffspeicher dienende Fruchtkörper mit dem aufgesetzten Keimling, aus dem die Wurzeln und das Keimblatt hervorgehen. Der Fruchtkörper verbleibt im Saatbett. Typisch ist weiterhin die Parallelnervigkeit beim Blattwerk, das wohl auch darum meist schmal und lang ist. Blüten- und Samenanlagen sind sehr oft in der Dreizahl zu finden. Zweikeimblättrige nutzen bei der Samenbildung ein anderes Prinzip. Die zwei Keimblätter sind meist auch der Nährstoffspeicher, entweder verdickt wie bei Bohnen, oder zusammengerollt oder gefaltet wie z.B. bei Raps, Kohl oder Buchen usw. Dazwischen eingebettet liegt der Keimling, der zuerst die Wurzel bildet und dann das übrige Samenkorn nach oben schiebt, um die Keimblätter zu entfalten. Die Blätter sind netznervig, d.h. meist vielfach verzweigt und ermöglicht damit auch große und breite, auch gezackte Blätter wie beispielsweise Rhabarberblätter.

Nach dieser Übersicht werden wir uns den wichtigsten Nadelbaumarten zuwenden.

O Tannenbaum – O Tannenbaum...

So beginnt eines der bekanntesten und meist gesungenen Weihnachtslieder. Besungen wird mit diesem Lied das weltweit am meisten verbreitete Symbol des Weihnachtsfestes. Die Ursprünge gehen bis weit in die vorchristliche Zeit zurück, als heidnisches Brauchtum, wo man um die Zeit der Wintersonnenwende grüne Zweige in die Behausungen als Zeichen des Lebens holte, das auch Schutz und Fruchtbarkeit bringen sollte.

Im ausgehenden Mittelalter vermischten sich heidnische Bräuche mit christlichen. Inzwischen waren es zumindest in privilegierten Kreisen nicht nur Zweige, sondern ganze Bäume – in der Regel Nadelbäume – die man in den Häusern bzw. Wohnungen aufstellte.

Martin Luther und andere Reformatoren erklärten ihn als Weihnachtssymbol der Protestanten, so, wie die Krippe zur katholischen Weihnacht gehörte. Nach und nach entwickelte sich der Brauch, die Weihnachtsbäume zu schmücken. Zuerst mit Äpfeln (sie symbolisierten die Früchte vom Baum der Erkenntnis aus dem Garten Eden) und mit Nüssen.

Um 1730 begann man den Christbaum auch mit Kerzen zu schmücken. In der Zeit der Freiheitskriege gegen Napoleon (1812-1815) war das besonders bei protestantischen Familien so gang und gäbe. Als Christbaumzier kamen neben diversen kleinen Leckereien allerlei Flitterkram wie Lametta, Glaskugeln, Strohsterne, auch bunte Schleifen und Figuren in Mode. Mit Beginn des 19. Jahrhunderts wurde der Weihnachtsbaum konfessionsübergreifend auch zum Sinnbild des Deutschtums.

Noch im 19. Jahrhundert wurde er in ganz Europa zum Weihnachtssymbol. Durch Auswanderer und Matrosen wurden die Christbäume auch in der „Neuen Welt" bekannt und beliebt.

Vor dem „Weißen Haus" in Washington wurde er 1891 erstmals als „Christmas tree" aufgestellt. In unseren Breiten waren es bis Ende der 1950er Jahre hauptsächlich Fichten, die zu Weihnachten in unseren Zimmern standen. In den 60er und 70er Jahren waren die Blautannen – sind aber Fichten! - besonders beliebt. Ab den 80er Jahren ist die Nordmanntanne unangefochten an erster Stelle.

Für den millionenfachen Bedarf werden auf rund 40 000 Hektar plantagenmäßig Weihnachtsbäume produziert. Da bleibt es nicht aus, dass bei intensiv betriebenen Monokulturen, speziell zur Unterstützung der Jungbestände, Herbizide und Pestizide eingesetzt werden. Von der Aussaat bis zum verkaufsfähigen Baum dauert es 8-12 Jahre.

Sicher ist es nicht uninteressant, wenn wir uns noch etwas mit der Botanik beschäftigen, mit den Unterschieden von Fichten, Tannen und Douglasien. Für die Mehrzahl von uns sind eben fast alles „Tannen", was wir zu Weihnachten geschmückt in die Stube stellen. Kann man auch verstehen, sagt man doch zur gewöhnlichen Fichte – *Picea abies*, früher *Picea excelsa* genannt, auch Rottanne.

Selbst der Artname „*abies*" bedeutet an sich „Tanne".

Die Fichten sind bei uns der häufigste Waldbaum, meist in Monokulturen angepflanzt, weil sie in überschaubarer Zeit den höchsten Holzertrag bringen und bezüglich Boden geringe Ansprüche stellen, wenn es nicht zu trocken ist.

Lässt man sie in Ruhe, können Fichten mehrere hundert Jahre alt und bis zu 50 m hoch werden. Einen Schönheitsfehler haben sie allerdings, ihre spitzen Nadeln verlieren sie als Christbaum in der warmen Stube oft schon nach wenigen Tagen. Ihre schlankere Schwester, die serbische Fichte, *Picea omorika* ist nicht ganz so voreilig damit, dafür ist es recht schwierig, bei dem schmalen Wuchs und eher dünnen, oft hängenden Zweigen geeignete Plätze für Kerzen und verschiedene Schmuckelemente zu finden.

Aus Amerika hat die Stechfichte – *Picea pungens* (lat. *Pungere* = stechen) von den Rocky Mountains kommend eine neue Heimat bei uns gefunden. Sorten mit recht intensiver silberblauer Färbung waren als „Blautannen" als Weihnachtsbaum begehrt, trotz der stechenden Nadeln, die aber dafür nicht so schnell abfallen. Derzeitig findet man Zweige bzw. Teile davon meist nur noch in der Floristik als Schmuckreisig in Advents- und Grabkränzen.

In den letzten 3 Jahrzehnten hat die aus dem Gebiet vom westlichen Kaukasus bis Anatolien beheimatete „echte" Nordmanntanne – *Abies nordmanniana* – den ersten Platz in der Beliebtheitsskala eingenommen, nicht die einheimische Weißtanne, *Abies alba*, die bis 80 m hoch und bis 500 Jahre alt werden kann. Die relativ langen weichen Nadeln sind nur zweizeilig angeordnet, darum wirken die Zweige nicht so füllig wie bei ihrer kaukasischen Schwester.

Zwei weitere Tannenarten aus der Neuen Welt sind fallweise noch für uns interessant, die *Abies procera* – lateinische *procerus* = schlank, hochgewachsen, auch vornehm - besser bekannt als *Abies nobilis* (die vornehme Edel Tanne), die es auch als „blaue" Variante gibt. Bei uns wächst diese Art selten zu schönen regelmäßigen Exemplaren heran. Besonders lange Nadeln hat die *Abies concolor* = einfarbig, graugrün, rasch und hochwachsend mit mehr locker ungeordneter Beastung.

Aus Ostasien stammt die Koreatanne mit mehr kurzer und dichter Benadelung. Diese Art entwickelt bei noch relativ jungen Exemplaren reichlich, nicht allzu große aufrecht stehende Zapfen, wie bei allen „echten" Tannenarten, wo bei Reife die Schuppen mit Samen abfallen.

Die Spindeln sind konusartig (daher kommt die Bezeichnung „Koniferen"). Insgesamt werden 32 Tannenarten und auch Hybriden beschrieben.

Noch ein paar Worte zur Douglastanne und der Tsuga. Beide stammen aus Kanada. Die Douglasie wird *Pseudotsuga menziesii* (ehemals *Ps. douglasii*) benannt. Sie wächst rasch und kann bis 70 m hoch werden. Das Holz ist nicht besonders wertvoll. Darum wird sie kaum in größerem Umfang forstlich genutzt.

Ein ausgesprochener Zierbaum mit kurzen Nadeln und lockerem Wuchs ist die *Tsuga canadensis*, auch als Schierlingstanne bezeichnet. Das ist keine Anspielung auf die Giftigkeit des Schierlings, eher auf den lockeren, luftig wirkenden Anbau der Pflanze.

Alle hier beschriebenen Arten gehören zur Familie *Pinaceae*, also Verwandte der Pinien und Kieferarten. Nicht dazu gehört die Zimmertanne, *Araucaria*, auch Andentanne genannt.

Sie bildet mit wenigen Arten eine eigene Familie.

Nachdem wir uns mit der Historie und Botanik etwas beschäftigt haben, sollten wir uns am Christbaum etwas erholen und über das Weihnachtsfest nachdenken, dass vom Sinn her sicher nicht als Kauf, Schenk- und „Fressorgie" gedacht war, sondern der Geburt Christi gewidmet ist!

Pinus

Das lateinische Wort bedeutet an sich Fichte, gemeint sind hier aber Kiefern, die alle den botanischen Gattungsnamen *Pinus* haben. Nach der Fichte sind in Mitteleuropa die Kiefern die zweitwichtigste Gehölzart. In Österreich dominiert mit fast 60 % die Fichte ganz klar.

Weit dahinter kommen Kiefern – vorwiegend die *Pinus nigra* (Schwarzkiefer) mit 4,3%, Lärchen mit 4,1 % und Tannen – *Abies alba* – mit 2,4 %.

In Deutschland sind nur 25 % Fichten, dafür 22 % Kiefern, meist *Pinus sylvestris*, Lärchen sind mit 2,8 % Douglasien mit 2,0 % und Weißtannen mit 1,7 % in den Nadelgehölzbeständen vertreten. Den Rest bis 100 % besetzen die Laubgehölze.

In der Schweiz sieht diese Statistik ganz anders aus. Fichten sind mit 44 % dabei, Weißtannen mit 14,8 %, Lärchen mit 5,5 % und Kiefern mit 3,7 %, davon 0,6% Zirbelkiefern.

Im aktuellen botanischen Handwörterbuch „Zander" sind 50 Arten und zahlreiche Unterarten der Gattung *Pinus* zu finden. Wir werden uns aber nur mit Einigen davon näher beschäftigen. Die Wichtigste davon ist ganz klar die *Pinus sylvestris*, bedeutet ganz einfach „Waldkiefer", die in Teilen Mittel-Ostdeutschlands in geschlossenen Beständen vorkommt. Grund sind die mehr trockenen, sandigen Bodenverhältnisse. Man bezeichnete auch nicht umsonst die Mark Brandenburg als die „Streusandbüchse" des heiligen römischen Reiches deutscher Nation. Hier gedeiht die Kiefer noch recht gut und bringt noch akzeptable Holzerträge. Fichten, die mehr Feuchtigkeit und möglichst nährstoffreichere Böden brauchen, würden hier versagen.

Als Geschenke der Kiefernwälder kann man hier besonders häufig (wenn das Wetter passt!) Pfifferlinge, der Österreicher sagt „Eierschwammerl", und dank der relativ lichtdurchlässigen Baumkronen, Blau- oder Heidelbeeren finden. Nach dem Fichtenholz, die im Holzhandel am häufigsten angebotenen Holzart, ist Kiefernholz die zweitwichtigste Art.

Charakteristisch ist der höhere Harzgehalt, was auch die Wetterbeständigkeit verbessert. Wenn der Stamm beschädigt war, bilden sich sehr stark mit Harz durchtränkte Holzteile, die man als Kienspan verwenden kann. Kienspan wurde in der Zeit vor der Elektrifizierung besonders in ländlichen Gebieten und von ärmeren Bevölkerungsschichten zur eher notdürftigen Beleuchtung als relativ lange brennende Fackeln benutzt, die man auf eiserne Wandhalterungen steckte. (Das habe ich unmittelbar nach Ende des 2. Weltkrieges in der Anfangsphase des Wiederaufbaues in einem entlegenen Dorf der Niederlausitz selbst erleben können.) Von angeritzter Rinde und vom Wurzelholz hat man Kiefernharz gewonnen, als Basis der Terpentindestillation und für die Herstellung zahlreicher technischer bis medizinischer Produkte.

Besonders harzreich ist das Holz der in den atlantischen Küstenstaaten der USA (bis Florida) Wälder bildenden Pechkiefer *Pinus rigida*. Sie wird in Europa kaum forstwirtschaftlich genutzt und nur ab und zu in Gärten oder Parkanlagen angepflanzt. Leicht erkennbar ist diese Art an zahlreichen Nadelbüscheln, die sich am schon kahlen Stamm bilden. Das Holz (aus Importen) ist nahezu unverwüstlich. So halten Sprossen von Gewächshäusern oder Frühbeetfenstern auch ohne jegliche Pflege oder Anstriche sehr viele Jahrzehnte. Am Ehesten findet man solche Raritäten in alten Schlossgärtnereien, sofern sie nicht „modernisiert" worden sind. Die Holzoberfläche sieht grau und verwittert aus. Schneidet man einen dünnen Span herunter, kommt völlig gesundes, gelb-rötlich gestreiftes, oft über hundertjähriges „Pitchpine-Holz" zum Vorschein.

Speziell im kosmetisch-medizinischen Bereich spielt die „Latschenkiefer", auch Berg- oder Zwergkiefer bzw. Legföhre genannt eine Rolle. Botanisch *Pinus mugo* mit den Unterarten *Pinus mugo rotunda* = Moorkiefer oder Moorspirke genannt und der *Pinus mugo uncinata* = Hakenkiefern (lat. *uncus*= Haken), die mehr aufrecht und auch auf Moorflächen wächst. Aus Nadeln und Zweigspitzen wird das Latschenkiefernöl gewonnen, das als Zusatz zu Inhalationen bei Katarrhen der Luftwege, wie auch für Rheumasalben und medizinische Fußpflegemittel Verwendung findet.

Im Hochgebirge bildet ein Bewuchs mit Legföhren wirksame Sperren gegen Lawinenabgänge. Wegen der Widerstandsfähigkeit gegenüber salzhaltigen Seewinden wurden auch Latschenkiefern zur Befestigung von Dünen angepflanzt.

Ein ausgesprochener Gebirgsbewohner ist die Zirbelkiefer, auch Arve oder Zirbe genannt – *Pinus cembra*. Sie gedeiht in den Alpen bis in 1200 m Höhe, ist aber auch in den Karpaten beheimatet und mit der Unterart *P. cembra var. sibirica* in Nordrussland bis Sibirien.

Ein wichtiges Unterscheidungsmerkmal ist die Anzahl der Nadeln, die aus einer Nadelscheide herauskommen.Die Zirbe ist 5-nadlig wie die Weymouthskiefer, die Pechkiefer ist 3-nadlig, unsere heimischen „Waldkiefern", wie auch Schwarzkiefer und Latschenkiefern sind 2-nadlig.

Die Zirbelkiefern werden bis 1000 Jahre alt, ihre Nadeln bleiben 2-3 Jahre am Zweig, wie bei den meisten Kiefernarten. Die 8 cm langen Zapfen brauchen auch bis zu 3 Jahre zur Reife, bis sie die wie süße Mandeln schmeckenden Samen freigeben.

Das eher leichte, aber zähe Holz ist nicht nur für Drechsler und Schnitzer interessant. Bei traditionsverbundenen Jägern gehörte es „zum guten Ton" ein Jägerstüberl für ihre Trophäensammlung einzurichten, dessen Mobilar aus Zirbenholz sein musste, zu erkennen an den zahlreichen fast schwarzen Astknoten (Augen genannt) im dunkelgelben Holz.

Die Reiselust hat Viele von uns nach „bella Italia" und andere Mittelmeeranrainer geführt. Neben den schlanken Zypressen – *Cupressus sempervirens* – sind die Pinien mit ihrer schirmartigen Krone als mediterraner Charakterbaum nicht zu übersehen. Der botanische Name ist *Pinus pinea*. Man sagt auch Schirmkiefer. Diese werden 15-25 m hoch, die 10-15 cm langen Nadeln (zweinadlig) leben jeweils 3 Jahre. Uns interessieren die bis 15 cm langen, festen Zapfen, die erst nach 3-jähriger Reifezeit die begehrten Pinienkerne hergeben. Schon in der Antike spielten die markanten Zapfen in der Kunst- und Sagenwelt eine Rolle, was die überlieferten, stilisierten in Bronze gegossenen, oder in Stein gehauenen Pinienzapfen aus verschiedenen Kulturepochen belegen.

Eine besondere Art möchte ich noch erwähnen, die *Pinus canariensis* mit besonders langer, feiner und dichter Benadlung. Diese Art wird in den höheren Gebirgslagen der kanarischen Inseln angepflanzt, um die Nebelfeuchte als Wasserquelle für die Rekultivierung „einzufangen", die an der feinen Nadeln kondensiert und zu Boden tropft.

Dieses Wasser ist wichtig für die Folgevegetation.

So kann die sinnvolle Anpflanzung einer geeigneten Baumart dazu beitragen, die Folgen eines über Jahrhunderte betriebenen Raubbaues an der Natur zumindest teilweise zu mildern.

Lärchen

Lärchen sind bis 45 m hoch wachsende Bäume, keine Vögel, die werden nämlich etwas anders geschrieben: Lerchen!

Botanisch gehört die Gattung *Larix* zur Familie *Pinaceae*, die gemeinsam mit den Zedern die Unterfamilie *Laricoideae* = Lärchenartige, bilden. Alle Lärchenarten kommen weltumspannend nur auf der nördlichen Halbkugel vor.

Einige von ihnen sind besonders kälteresistent, bis -70 °C, wie die *Larix gmelinii*, die dahurische Lärche und die *Larix sibirica*, die in Finnland, Nordrussland, Sibirien bis zu den Kurilen, Kamtschatka, Sachalin und Nordkorea zu Hause sind. Auch recht frostbeständig ist die Rocky-Mountain-Lärche, *Larix lyallii*.

In unseren Breiten ist die *Larix decidua* – nach Linné auch *L. europaea* genannt, ein wichtiger Nadelholz-Nutzbaum. Der Artname „*decidua*" ist vom lateinischen Wort „*decido*" abgeleitet, was „abfallen" (der Nadeln) bedeutet.

Damit gehören Lärchen, zusammen mit den Sumpfzypressenartigen und dem Ginkgo zu den wenigen nur sommergrünen Nadelgehölzen.

Lärchen werden 200 Jahre, selten bis 400 Jahre alt, sie sind sehr lichthungrig und wachsen schön gradschäftig.

Das Nutzungsalter liegt zwischen 100 bis 140 Jahren.

Das begehrte Lärchenholz hat eine Brinellhärte von 19 N/mm², dazu kommt eine Zähigkeit. Mit diesen Eigenschaften ist es die stabilste Nadelholzart mit vielseitiger Verwendbarkeit. Außer für Möbel- und Bauholz verwendet man es auch im Erd- Brücken- und Wasserbau, sowie für Dachschindeln. Bei Windmühlenflügeln wird der Hauptbalken meist aus Lärche angefertigt.

Aus dem Harz des Lärchenholz gewinnt man durch Destillation das besonders hochwertige „Venetianer Terpentin".

Für medizinische Zwecke wird aus dem Holz das Flavonoid DHQ = Taxifolin hergestellt. Verwendung findet es in der Kardiologie, außerdem wirkt es auch antioxidativ und anticancerogen.

Interessant dürfte auch sein, dass die Universität von Graz zum Patent angemeldet hat, wie durch Zusatz von fein gemahlenen Sägespänen zu Futtermitteln in der Tierzucht der Einsatz von Antibiotika reduziert werden kann.

Eine interessante Verwandte ist die in China beheimatete Goldlärche – *Pseudolarix amabilis*, im Lateinischen bedeutet „*amabilis*", lieblich / liebenswert. Sie wird gern als Parkbaum angepflanzt.

Der Unterschied zu unseren Lärchen besteht in einer deutlich längeren Benadlung – bis 70 mm, die mit einer leuchtend gelben Herbstfärbung auffällt. Auch die Zapfen, deren Schuppen bei der Reife mitsamt den Samen abfallen, sind fast doppelt so groß.

Die Zedern: Eine Verwandtschaft zu den Lärchen ist unverkennbar, nur verlieren sie ihre Nadeln nicht im Herbst, sondern sind immergrün und lieben die Wärme.

Demnach ist die Heimat der wenigen Cedrusarten (nur vier) in südlicheren Gefilden und nur in der „Alten Welt" zu finden. In unseren Breiten kommt die Atlaszeder – *Cedrus atlantica* (hat nichts mit dem Ozean zu tun, sondern mit dem Gebirge), mit dem Klima gut zurecht, wird hier forstwirtschaftlich aber praktisch nicht genutzt. Wie der Name sagt, kommt dies Art hauptsächlich im Bergland Marokkos und Algeriens vor. Die Benadlung ist relativ kurz, meist unter 25 mm und oft blaugrün oder silbergrau.

Berühmt ist die Libanonzeder – *Cedrus libani*, wohl die einzige Baumart, die auf einer Landesflagge als Symbol zu finden ist, sehen wir vom Ahornblatt als Kandadasymbol ab. Diese Art finden wir außer im Libanon in der südlichen Türkei bis zum Südkaukasus.

Dort, in Georgiens Hauptstadt Tiflis (die Einheimischen sagen „Tblissi") haben mich die beiderseits der Magistrale stehenden Zedern durch ihren lockeren, leichten Charakter besonders beeindruckt. Ebenso wie der Zedernhain rund um den Fernsehsendeturm am Rande der Stadt.

Nur auf der Insel Zypern wächst die sehr kurznadlige Art *Cedrus brevifolia* (lat.: *brevis* = kurz/klein).

Die Himalayazeder – *Cedrus deodara* (*deodara* bedeutet Gottesbaum von lat.: *deus* = Gott), ist neben der Atlaszeder hauptsächlich Lieferant von echtem Zedernholz, ist aber in unserem Klima nicht ausreichend winterhart. Im Holzhandel werden häufig Hölzer von Lebensbaum und Zypressenarten als Zedernholz angeboten.

Auch das sogenannte Zedernholzöl und Zedernblattöl, Verwendung in der Parfümerie, wird in Wirklichkeit von Thujaarten gewonnen.

Auch die Bleistiftzeder, früher für die Blei- und Buntstiftherstellung verwendet, ist der virginische Wacholder – *Juniperus virginiana*, auch Rotzeder genannt.

Das echte Zedernholz hat eine Brinellhärte von 10 N/mm² und ist dichtfaserig. Obwohl dieses Holz an sich nicht besonders fest und haltbar ist, wurde es in antiken Kulturen oft für den Schiffsbau verwendet, weil es im Wasser erst fest und haltbar wird.

Frisch hat dieses Holz einen schwachen, angenehmen Duft. Stark aromatisch riechendes „Zedernholz" stammt von einer Wacholderart.

Noch einige Worte zu *libocedrus bidwillii* und *L. plumosa*, auch Flußzeder genannt: diese Gattung hat mit Zedern eigentlich nichts zu tun, sie gehört zu den Zypressen und ist zirkumpazifisch verbreitet. Bei uns findet man sie gelegentlich als Parkbaum.

Es ist wohl ein Zeichen der besonderen Wertschätzung der Zedern, dass ihr Name gern mal für andere, ähnliche Produkte verwendet wird. Für mich sind Lärchen und Zedern ganz besondere Bäume.

Die Zypressen

Wenn wir an diese schlanken, markanten Koniferen denken, schweifen die Gedanken leicht ab, zu unvergessenen Urlaubserlebnissen, irgendwo an der Adria bei Sonnenuntergang…die Sonne zaubert einen goldenen Streifen auf das Meer und auf dem Tisch stehen zwei Gläser mit rot funkelndem Chianti…

In unseren Breiten gedeihen diese im Mittelmeergebiet verbreitet anzutreffenden Bäume nicht (mit Ausnahme am Kaiserstuhl und am Oberrhein), weil sie nur sehr bedingt winterhart sind.

Botanisch heißen sie *Cupressus sempervirens*, Familie *Cupressaceae*. Beheimatet, oder eigentlich eingebürgert sind diese von Spanien, rund ums Mittelmeer einschließlich Nordafrika bis zur Krim und Nordiran. Die ursprüngliche Heimat ist aber vermutlich in Asien zu finden.

Um die 10 weitere Zypressenarten haben ihre Heimat in Mexiko, Kalifornien oder im Himalaya (*C. cashmeriana*) und China. Die dort beheimatete Tränenzypresse (*C. funebris*) ist unter allen anderen Arten die Einzige, die giftig ist.

Das Holz ist relativ schwer, hat keine Harzkanäle und ist sehr dauerhaft, also weitgehend resistent gegen Pilze und Insekten. Verwendet wurde schon in der Antike dieses Holz für den Schiffbau, als Bauholz und für Sarkophage, Götterstatuen oder Tempeltüren. Bereits die Römer pflanzten Zypressen als Windschutz, und Alleen. Hier war auch

die Dürreresistenz von Vorteil. Symbol waren die Zypressen im Mittelmeerraum für Trauer, Hoffnung und Ewigkeit, darum pflanzt man sie oft auf, bzw. an Friedhöfen.
Anders in der persischen Literatur. Dort waren sie Symbol für hochgewachsene, hochgestellte Menschen, wie Könige. Auch auffallend schöne Menschen wurden „wandelnde Zypressen" genannt.
Als Heilpflanze spielten Zypressen schon in der Antike eine wichtige Rolle. Fast alle Teile sind heilkräftig. Aus Zweigen, Früchten und Holz werden ätherische Öle destilliert. Tee aus Zweigen wie auch Tinkturen sind nachgewiesen pharmazeutisch wirksam.
Schon der Duft kann Atemwegserkrankungen heilen.
Das Wirkungssspektrum ist sehr weit gefächert. Von antibakteriell, antiseptisch, schleimlösend bei Husten, Bronchitis und Asthma, fiebersenkend, Rheuma, Menstruationsbeschwerden, Wechseljahresproblemen, Krampfadern, Hämorrhoiden und schlecht heilenden Wunden.
Nahe stehen die Scheinzypressen – *Chamaecyparis*.
Von den vier im botanischen Wörterbuch angeführten Arten, die alle giftig sind, gibt es sehr viele Züchtungen von hoch aufwachsend bis kriechend, mit Schuppennadeln und als fixierte Jugendformen mit Nadeln und Zwischenformen. Obwohl der Namensteil „*chamae*" - „zwergartig, niedrig, klein" bedeutet, übertreffen sowohl die *Ch. lawsoniana*, Heimat Nordamerika, dort bis 50 m hoch werdend, als auch *Ch. obtusa*, Heimat Japan, dort auch bis 50 m hoch

wachsend, noch die echten Zypressen, die unter optimalen Bedingungen bis 35 m hoch werden. Die „Goldzypresse" in Nordamerika beheimatet, kennen wir noch als *Chamaecyparis nootkatensis*, sie nennt man aktuell *Xanthocyparis nootkatens*, eine Systematikänderung, aber das soll uns nicht stören, wenn wir eine der sehr zahlreichen Varianten auswählen wollen.

Die Lebensbäume: Thuja

Bekannt sind Lebensbaumhecken, die sich gut in Form schneiden lassen und meist blickdicht sind. Die häufigste in Europa anzutreffende Art ist der atlantische Lebensbaum *Thuja occidentalis*. Lateinisch *„occiduus"* bedeutet untergehende Sonne, beziehungsweise dem Tod nahe. Hinweise für die Herkunft (Kanada bis Virginia) oder auch für die Giftigkeit? In der Heimat werden es bis 20 m hohe Bäume, in unseren Breiten eher nur Sträucher, die durchaus winterfest und bezüglich Böden nicht sehr anspruchsvoll sind.

Nach Europa eingeführt wurden diese Sträucher schon 1536 und fanden bald in der Gartenkunst eine starke Verbreitung als gut formbares Heckengehölz.

Eine sehr ähnliche Art ist der *Platycladus orientalis*, besser bekannt unter dem nicht mehr gültigen Namen *Thuja orientalis*, der morgenländische Lebensbaum aus dem Bereich China-Korea. Äußerlich unterscheiden sich beide Arten durch die waagerechte Position der flachen vielfach verzweigten Triebenden beim abendländischen Lebensbaum und der überwiegend senkrechten Wuchsform beim morgenländischen Gewächs. Schnittverträglich und formbar ist er ebenso wie das westliche Gegenstück. Nur die Winterfestigkeit ist im mehr kontinentalen Klima nicht ausreichend. Die ersten Exemplare kamen 1690 nach Europa. Wegen der Frostempfindlichkeit war und ist die Verbreitung eher eingeschränkt.

Beide Arten enthalten ätherische Öle, Campher und Thujone, die ein Nervengift sind und Hautreizungen verursachen, darum sollte man bei Arbeiten an und mit Lebensbäumen besser Handschuhe tragen. Oral aufgenommen ist es ein tödliches Gift. Wenn Heckenschnitt auf Weideplätze gelangt, ist es wiederholt zu tödlichen Vergiftungen von Weidetieren gekommen. Kinder und Senioren, wie Schwangere sollten näheren Kontakt mit diesen Gehölzen meiden, zumal diese Gifte Fehlgeburten auslösen können.

Vorsicht ist auch für Hunde, Katzen und Pferde sinnvoll. In Österreich waren zeitweise diese Lebensbaumarten auch in Privatgärten verboten. In der Naturheilkunde wird die Behandlung von Warzen mit auf einem Pad aufgetragener Lösung empfohlen. In der Homöopathie werden aus Zweigspitzen hergestellte Urtinkturen entsprechend potenziert und Präparate zur Behandlung von Gicht, Rheuma, Magen, Augen- und Ohrenleiden hergestellt.

Wirtschaftlich interessant ist noch der in Amerika – Alaska bis Kalifornien – beheimatete Riesenlebensbaum, der dort Wuchshöhen bis 70 m erreicht. *Thuja plicata* – oder auch *gigantea*, er wird in unseren Breiten selten über 10 m hoch. Markant ist ein zitronenartiger Duft, wenn man die Schuppennadeln zerreibt. Das leicht rotbraune Kernholz, genannt „Red Cedar" ist sehr dauerhaft. Seit der Nachkriegszeit werden aus Kanada Schindeln importiert, die noch haltbarer sind, als die aus Lärchenholz.

Wacholder

Ein Baum, wird bis zu 12 m hoch, oft eher Strauch, ein Charaktergehölz der Lüneburger Heide.
Gemeint ist der *Juniperus communis*, gehört zur Familie der Zypressengewächse – *Cupressaceae*.
Eine Besonderheit der ganzen Familie ist, dass Sämlinge immer nadelförmige „Blätter" haben. Mit zunehmendem Alter geschieht bei fast allen Arten eine Umwandlung zu schuppenförmigen „Blättern", wie sie wohl jeder kennt vom Lebensbaum Thuja. Bei einigen Zuchtformen wurden von noch Nadeln tragenden Jugendformexemplaren Stecklinge abgenommen, das immer wieder von Jungpflanzen, bis diese Nachkommen „vergessen" haben, dass sie eigentlich beim älter werden Schuppenblätter zu bilden haben.
So entstanden zum Beispiel von Scheinzypressen-Sorten der Jugendform mit „ewiger Jugend", die auch unfruchtbar sind (*Chamaecyparis obtusa* und *pisifera*).
Auch Übergangsformen, die sowohl Nadeln, als auch Schuppen haben, entstanden so. Unser Wacholder hat noch eine Besonderheit unter den Nadelbäumen, die auch als Koniferen bezeichnet werden und eigentlich holzige, harte Zapfen von Erbsen- bis Fußballgröße bilden. Beim Wacholder entstehen aus jeweils 3 Zapfenschuppen weiche, fleischige Früchte, die Wacholderbeeren, die bis zur Reife zwei-, manchmal auch drei Jahre benötigen, was in dieser Pflanzengruppe nichts Ungewöhnliches ist. Die Wachol-

146

derbeeren sind unter anderem essbar als Küchengewürz und werden gern von Vögeln, speziell von der Wacholderdrossel aufgenommen. Besondere Bedeutung haben diese Früchte in der Spitituosenbranche. In Deutschland ist es der Steinhäger, Original nur aus Steinhagen am Teutoburger Wald. In den Niederlanden und Frankreich erzeugt man den Genever u.a. mit Wacholderbeeren. Die Franzosen sagen auch statt Wacholder „Genevrier".

Die Briten übernahmen ursprünglich Rezepturen für die Herstellung von Genever, was nach anfänglich chaotischen Verhältnissen in geordnete Bahnen gelenkt wurde.

So entstand der selbst im Königshaus geschätzte Gin. Außer ätherischen Ölen, die für den typischen Wacholdergeschmack verantwortlich sind, enthalten die Wacholderbeeren noch Invertzucker, Juniperin, Harze, Pektin und diverse Vitamine. Medizinisch wirkt diese Mixtur harntreibend bei Gicht, Rheuma und Bronchialleiden.

Zurück zur Botanik. Der gewöhnliche Wacholder, *Juniperus communis*, gehört zu den wenigen Arten dieser Familie, die nur nadelförmige Blätter haben.

Auf Deutsch sagt man auch Machandelbaum, im Süddeutschland und Österreich Kranewitterbaum, zu den Früchten mancherorts Krammetsbeeren. Von den mehr als 24 Arten der Gattung Juniperus gibt es auf der gesamten nördlichen Halbkugel fast überall natürliche Vorkommen. Unsere heimische Art ist von Grönland über ganz Europa, bis Kamtschatka und Japan anzutreffen.

Auch ein Europäer ist der „Sadebaum", auch Sevenbaum genannt, der es von den Alpen und Südeuropäischen Gebirgen geschafft hat, bis nach Zentralasien vorzudringen. Der Name ist *Juniperus sabina*, er wird nur bis 2 m hoch und hat nadelförmige und schuppenförmige „Blätter". Die Früchte sind auch blau oder schwarz bereifte Beerenzapfen. Aber Vorsicht, dieser Wacholder ist sehr giftig. Medizinisch wurde der „Sadebaum" eher in der Tierheilkunde verwendet, in der Humanmedizin war er ein ziemlich riskantes Mittel zur Abtreibung ungewollter Schwangerschaften. Ein recht sicheres Erkennungsmerkmal dieser Art ist ein übler Geruch von zerriebenen Nadeln.

Erwähnen möchte ich noch einige (wenige) Wacholderarten. Das ist z.B. die Phönizische Zeder, *Juniperus phoenicea* mit zypressenähnlichem Wuchs und dunkelroten Beerenzapfen, die im Mittelmeerraum öfter anzutreffen ist. Der auch rotfrüchtige Wacholder, *J. oxycedrus* ist in Italien gelegentlich waldbildend. Der virginische Wacholder *Juniperus virginiana* ist hochwüchsig, bis 30 m. Außer in Amerika wird diese Art auch in Europa kultiviert. Das rotbraune Holz ist ziemlich weich, es wird für Zigarrenkisten und Bleistifte verwendet. Mit Ausnahme der Art *Juniperus chinensis* sind alle anderen getrenntgeschlechtlich einhäusig. Diese Art ist zweihäusig, es gibt also eine männliche und eine weibliche Form, die sich im Wuchs und Benadlung sichtbar unterscheiden. So, jetzt möchte ich erst mal ein Gläschen Gin trinken.

Rekordhalter unter den Bäumen und Exoten

Den absoluten Rekord bezüglich Höhenwachstum hält der Küstenmammutbaum *Sequoia sempervirens*, der in Kalifornien Höhen bis 121 m erreicht.

Diese Baumart liefert auch das „Redwood"=Rotholz und erreicht Stammdurchmesser bis 8 m und mehr. Verbürgt ist auch das mögliche Alter von 4000 Jahren.

Allerdings ist diese Gattung in Mitteleuropa nicht ausreichend frostbeständig.

Ein Gegenstück ist der Riesenmammutbaum *Sequoiadendron giganteum*, der an den Westhängen der Sierra Nevada in Höhenlagen bis maximal 2000 m gedeiht. Bezüglich Größe kommt diese Art an den Küstenmammutbaum fast heran. Dafür verträgt sie unser Klima besser und es gibt hier und da schon ganz beachtliche Exemplare. Die Mammutbäume gehören zur Familie der Sumpfzypressengewächse *Taxodiaceae*. Diese und die ebenfalls selten anzutreffende Sicheltanne *Cryptomeria japonica*, sind immergrüne Gehölze. Dagegen sind die echten Sumpfzypressen *Taxodium distichum* und der Urwelt Mammutbaum (dem ist wegen einer sehr persönlichen Beziehung ein eigenes Kapitel gewidmet) nur sommergrün, sie haben an Kurztrieben 2zeilig angeordnete weiche Nadeln, die im Herbst mitsamt den Kurztrieben abgeworfen werden. Die Sumpfzypressen sind in den südlichen Atlantikstaaten der USA beheimatet und werden dort bis 50 m hoch.

Auf sehr feuchten Standorten bilden sie Wurzelhöcker bis ca. 50cm, man nennt sie *Pneumatophoren*, die vermutlich der Sauerstoffversorgung des Wurzelgeflechtes dienen. An guten Standorten in Parkanlagen kennen wir bis 35 m hohe, stattliche Exemplare, die schon über 200 Jahre alt sind. Wenn auch nur in Mexiko vorkommend, möchte ich die Art *Taxodium mucronatum* erwähnen, weil sie wohl die dicksten Baumstämme bis 10 m Durchmesser bildet.

Früher ordnete man die Schirmtanne *Sciadopitys verticillata* der Familie *Taxodiaceae* zu, aktuell eine eigene Familie *Sciadopityaceae*. Dieser in Japan beheimatete Exot ist als vollkommen winterharte Rarität auch für Hausgärtner gut geeignet. Die in diesem Abschnitt genannten Bäume mit samt ihrer engeren Verwandtschaft sind Relikte aus dem Karbonzeitalter bis zum Tertiär und waren vor 90 Millionen Jahren mit zahlreichen Arten weit verbreitet.

Ebenfalls archaisch wirken die Andentannen – *Araucaria araucana*. Typisch sind die an der Basis breiten sehr steifen spitz zulaufenden Nadeln, die auch am Stamm verbleiben und Klettertiere abhalten. Die in Südamerika beheimatete Art *Araucaria araucana* wächst dort als waldbildender Baum bis 60 m hoch. In Mitteleuropa ist diese Art nur in milden Lagen, z.B. in Küstennähe ausreichend winterhart. Für noch junge Bäume wird Winterschutz empfohlen.

In geeigneten Lagen gibt es ganz stattliche Exemplare, 15-20 m hoch, die auch etwa fußballgroße, runde Zapfen tragen, welche bei Reife zerfallen und schwere Samen freisetzen. Diese mehligen Samen waren früher ein begehrtes Nahrungsmittel der Indianer Chiles, was ihnen den Namen „Araucana" eingebracht hat.

Viele kennen sicher die Zimmertannen „*Araucaria heterophylla*", die wie die Zimmerlinden etwas aus der Mode gekommen sind. Typisch sind die kurzen, aber weichen Nadeln, an den meist exakt waagerechten, quirlig angeordneten Zweigen. Es herrscht eine fast präzise Geometrie bei jüngeren Exemplaren, die aber für das Freiland nicht geeignet sind. Der auch gebräuchliche Name Norfolk-Pinie sagt uns auch, wie sie es bevorzugen: ein eher kühles, aber frostfreies Klima.

Rund um die Mittelmeerküste und auf den Inseln findet man des Öfteren große Zimmertannen mit ihrer geometrischen Erscheinung. Interessant wäre über die Vermehrung zu sagen, dass nur Stecklinge von Mitteltrieben die typische Wuchsform ergeben, Stecklinge von Seitentrieben wachsen nur als Seitentrieb weiter und bilden keinen Stamm. Somit ist die Stecklingsvermehrung nur sehr begrenzt möglich. Kommerziell ist eine Vermehrung nur über Aussaat, beziehungsweise per Meristemvermehrung in größerem Umfang gängige Praxis. Das soll über Rekordbäume und Exoten erst mal genug sein.

Der Urwelt-Mammutbaum

Ich habe eine besondere Beziehung zu diesem Gewächs, da
muss ich erst mal zurückgehen auf das Jahr 1950. In dieser
Zeit war ich Student an der Gartenbaufachschule in Pillnitz
bei Dresden. Eines der Studienfächer war die Gehölzkunde
(war nicht bei Allen beliebt, ich fand es aber recht interessant). Dozent war Herr Koncak, dieser hatte im Krieg ein
Bein verloren und musste mit einer Beinprothese gehen.
Technisch war sie nicht vergleichbar mit den heutigen,
modernen orthopädischen Hilfsmitteln. So gab diese Pro-
these bei jedem Schritt ein quietschendes Geräusch von
sich. Wie eben die Jugend ist, fanden viele das Gequietsche
ganz lustig, was zu gewissen Spötteleien führte. Aber Herr
Koncak war ein hervorragender Dendrologe und man
konnte wirklich viel von ihm lernen.
10 Jahre später, ich war inzwischen Leiter der Verwaltung
des Fürst-Pückler-Parkes in Bad Muskau (heute Unesco
Weltkulturerbe). Mit botanischen Gärten, unter anderem
auch mit dem forstbotanischen Garten in Tharandt (südl. v.
Dresden) standen wir in Kontakt zwecks Pflanzen, Säme-
reien und Erfahrungsaustausch. Mein Bestreben war in
einem entlegenen Teil des Bergparkes ein Arboretum
(Sammlung von Baumarten) zu schaffen. In dem damals
unzugänglichen polnischen Teil des Parkes hat es ein von
Rehder eingerichtetes Arboretum einmal gegeben. Aus diesem Grunde habe ich dann den forstbotanischen Garten in

Tharandt besucht. Inzwischen hat die Forstakademie Tharandt Herrn Koncak zum Leiter der Einrichtung berufen. Durch die Pillnitzer Zeit hatten wir sofort wieder guten Kontakt (diesmal auf Augenhöhe!).

Neben einigen anderen Raritäten gab mir Herr Koncak einen Sämling wohl von der ersten in Deutschland verfügbaren Generation der *Metasequoia glyptostroboides*. Diese Urwelt-Mammutbaumart war bis 1941 nur als fossile Baumart gerade erst vor wenigen Jahren klassifiziert und benannt, den Paläobotanikern bekannt. Im Jahr 1941 wurden in einer unzugänglichen Bergregion der Provinz Sichuan und Hubei lebende Exemplare entdeckt. Dieses lebende Fossil (aus der Steinkohlenzeit) wächst zu stattlichen Bäumen heran mit Stammdurchmesser bis 2 m und Wipfelhöhen von 30-50 m. Das erreichbare Höchstalter wird mit 400 Jahren angenommen. Das Holz wird wegen der rotbraunen Farbe des Kernholzes auch als chinesisches Rotholz bezeichnet, es ist relativ leicht und somit als konstruktives Bauholz weniger geeignet.

Diese Jungpflanze aus Tharandt kam in die Parkgärtnerei in die bestmögliche Pflege von Gottfried Brucksch. Pro Jahr gab es einen Zuwachs von 50-60cm. So wurde es bald aktuell, einen geeigneten Platz auf Dauer zu finden. Der Zufall wollte es, dass in der Nachbarschaft von 2 prächtigen Sumpfzypressen, die zur gleichen Pflanzenfamilie gehören, eine „Kandelaberfichte" vom Sturm umgeworfen wurde. So war ein geeigneter Platz frei geworden, zwischen

Hermannsneisse und Straße, in Höhe der Zufahrt vom Bauhof. Dank der guten Vorbereitung des Pflanzloches ist diese Metasequoia prächtig gediehen.

Inzwischen sind mehr als 50 Jahre vergangen.

Im Jahr 1977, die persönliche Lage war für mich unerträglich geworden, konnte ich die DDR verlassen. Es folgten Jahre, wo ich in der BRD und in Österreich gelebt und gearbeitet habe. Ein Besuch nach Bad Muskau zum Fürst-Pückler-Park war praktisch bis zur Wende absolut unmöglich. Meine Kontakte nach dort total abgebrochen.

Vor einigen Jahren kamen wieder Kontakte zustande. Mit zwei ehemaligen Mitarbeitern und mit der Leitung der Stiftung, die inzwischen Großartiges geleistet hat. Der erste Weg – nach so vielen Jahren - führte mich zu „meiner" Metasequoia. Aus dem zarten Sämling war ein stattlicher Baum herangewachsen, der es in der Größe durchaus mit seinen benachbarten Verwandten, den Sumpfzypressen, die schon mehr als 100 Jahre älter waren, aufnehmen konnte. Das zeigt auch die enorme Wuchsleistung dieser fossilen Baumart.

Mein Urwelt Mammutbaum hat offenbar noch keine Früchte, 2-2,5 cm kugelige Zapfen, getragen. So, wie bei den bekannten Nadelgehölzen müsste das möglich sein, denn es werden getrennt geschlechtliche (männliche und weibliche) Blüten auf „erwachsenen" Bäumen gebildet. Solange es noch geht, werde ich beobachten, ob es mal „Nachwuchs" gibt. Auf einer Bank im Schatten der Metasequoia werden nach mir sicher noch Generationen von Parkbesuchern sich ausruhen können, wenn ich schon längst die ewige Ruhe gefunden habe.

Quellennachweise:

1. Handwörterbuch der Pflanzennamen. Zander-Enke-Buchheim. Eugen Ulmer Verlag, 9. Auflage 1969 in Lizenz vom VEB Deutscher Landwirtschaftsverlag.
2. Handwörterbuch der Pflanzennamen. Zander-Enke-Buchheim. Eugen Ulmer Verlag, 19. Auflage 2014.
3. Lexikon der Pflanzenwelt. Ullsteinverlag, 1973.
4. Unsere Freilandlaubgehölze. Ernst Graf Silva Taraura und Camillo Schneider. Verlag Hölder-Pichler-Tempsky Wien, u. G Freytag AG Leipzig, 1930.
5. Nadelgehölze Deutschlands. Julius Morgenthal. Verlag Gustav Fischer, Jena 1950.
6. Zierbäume und Ziersträucher. G. Bickerich. Verlag J. Neumann – Neudamm KG. Melsungen-Berlin-Basel-Wien, 1976.
7. Hesse Baumschulen. Bremen. Hauptkatalog, 1977/78.
8. Langenscheidt Schulwörterbuch Lateinisch-Deutsch. Auflage 2008.
9. Duden Deutsche Rechtschreibung. Brockhaus AG, 2001.
10. Wikipedia. Freie Enzyklopädie.

Insgesamt enthalten die Texte in erheblichem Umfang Erfahrungen und in einem langen Leben erworbenes Wissen. Die angegebenen Quellen waren hilfreich für Vergleiche und korrekte Darstellungen von der Historie bis zu aktuellen Erkenntnissen.

T. Stracke

Nachwort der Herausgeberin

Am 6. Oktober 2019 starb Tycho Stracke im Alter von 89 Jahren, einen Monat vor seinem 90. Geburtstag.
Er hat die Veröffentlichung seines Buches leider nicht mehr miterlebt. Ich weiß aber, ganz sicher, dass er Allem zuschaut. Ich und Tycho haben zusammen bis zu seinem Tod an *Wir und die Bäume* gearbeitet und er wird gewusst haben, dass ich das Buch für ihn herausbringen würde. Wir hatten es ja fertig geplant gehabt.
So hielt ich nach seinem Tod das gesamte Manuskript in meinen Händen, das konnte kein Zufall sein!

Lieber Tycho,

ich hätte zwar unglaublich gerne mit dir zusammen noch einige Lesungen gehalten und die Veröffentlichung gebührend gefeiert, aber ich verstehe, dass deine Seele sich ausruhen wollte.

Aus ganzem Herzen kann ich dir sagen: Gern geschehen! Du warst ein wunderbarer Mensch, warmherzig, inspirierend, klug, ruhig und weise. Für mich, so jung und manchmal so ängstlich, warst du wie ein fest verwurzelter Baum. So sicher, so unängstlich. Nichts konnte dich aufhalten, du hast sogar bis ins hohe Alter die ferne Welt berreist. So lebensfroh, so neugierig, jedes Gespräch mit dir war interessant und belebend wie ein frischer Luftzug.

Und ich konnte dich alles ehrlich fragen, daher weiß ich auch, du hattest keine Angst vor dem Tod.

Wie unglaublich wundervoll! Danke, dass ich dich kennenlernen durfte Tycho, ich werde dich mein Leben lang nicht vergessen und ich werde mich eines Tages im Fürst Pückler Park unter deinen Mammutbaum setzten. Versprochen!

Deine Carolin